高等职业教育本科食品类专业规划教材

功能食品加工与检验实验

（供食品营养与健康专业用）

主　编　张莉华　刘爱琴

副主编　余　辉　赵冠里

编　者　（以姓氏笔画为序）

刘爱琴（浙江可明生物医药有限公司）

余　辉（浙江药科职业大学）

张　境（浙江药科职业大学）

张莉华（浙江药科职业大学）

陈少军（浙江药科职业大学）

林　麒（福建卫生职业技术学院）

赵冬艳（浙江药科职业大学）

赵冠里（广东食品药品职业学院）

程春梅（浙江药科职业大学）

中国健康传媒集团

中国医药科技出版社

内容提要

本教材系根据功能食品及其综合实训课程标准的基本要求和课程特点编写而成。内容上涵盖功能食品功效成分提取分离、功能食品加工、功能食品理化指标检测、功能食品功效成分检测、功能食品评价等内容。本教材精心设计34个实验项目，每个实验按照学习目标、基本知识、实践训练、效果评价、问题情境和总结反馈等六个部分编写具体内容，将实验操作与理论知识结合在一起，注重应用，提高学生分析问题和解决问题的能力。本教材为书网融合教材，即纸质教材有机融合电子教材、教学配套资源（PPT等），使教学资源更加多样化、立体化，有助学习者理解掌握相关知识，并及时考察学习效果。

本教材主要供高等职业教育本科食品营养与健康专业师生教学使用，也可作为从事功能食品加工与检验的科技人员、管理人员参考用书。

图书在版编目（CIP）数据

功能食品加工与检验实验/张莉华，刘爱琴主编．—北京：中国医药科技出版社，2023.12

高等职业教育本科食品类专业规划教材

ISBN 978－7－5214－4317－2

Ⅰ.①功… Ⅱ.①张… ②刘… Ⅲ.①功能性食品－食品加工－高等职业教育－教材 ②功能性食品－食品检验－高等职业教育－教材 Ⅳ.①TS218

中国国家版本馆CIP数据核字（2023）第236737号

美术编辑 陈君杞

版式设计 友全图文

出版 **中国健康传媒集团** | 中国医药科技出版社

地址 北京市海淀区文慧园北路甲22号

邮编 100082

电话 发行：010－62227427 邮购：010－62236938

网址 www. cmstp. com

规格 889mm×1194mm 1/16

印张 12 3/4

字数 364千字

版次 2024年1月第1版

印次 2024年1月第1次印刷

印刷 北京侨友印刷有限公司

经销 全国各地新华书店

书号 ISBN 978－7－5214－4317－2

定价 58.00元

数字化教材编委会

主　编　张莉华　刘爱琴

副主编　余　辉　赵冠里

编　者　（以姓氏笔画为序）

刘爱琴（浙江可明生物医药有限公司）

余　辉（浙江药科职业大学）

张　境（浙江药科职业大学）

张莉华（浙江药科职业大学）

陈少军（浙江药科职业大学）

林　麒（福建卫生职业技术学院）

赵冬艳（浙江药科职业大学）

赵冠里（广东食品药品职业学院）

程春梅（浙江药科职业大学）

前言 PREFACE

本课程是功能食品加工与检验理论教学的应用性深化与拓展，可用于功能性食品加工与检验以及专业综合实训课程实践教学。本教材编写过程中把功能食品加工和检验相关实验内容进行了整合，融入行业新进展、新需求及企业标准，注重学生职业能力的培养，把功能食品功效成分的提取分离、功能食品加工、功能食品理化指标检测、功能食品功效成分检测、功能食品评价相关理论与具体实践相结合，可以减少读者查阅相关资料的时间，巩固和加深对所学理论的理解和认知，并且有利于创新和应用能力的提升。

本教材是由多年从事功能食品生产与检验教学和科研工作的教师、企业人员联合编写的新型活页式教材，结合职业能力和岗位需求，设计实验，按照学习目标、基本知识、实践训练、效果评价、问题情境和总结反馈等六个部分编排各实验具体内容，将实验操作与理论知识结合在一起，注重应用，让学生知道是什么、做什么、怎么做，提高学生分析问题和解决问题的能力。教材中还设置效果评价、问题情境、总结反馈等模块，引导学生进行反思和知识拓展，提升教学效果。本教材坚持德技并修，将专业学习和思政教育有机融合，润物细无声，使学生在技能实践中培养爱岗敬业、团队协作、诚实守信的精神。本教材的编写注重理论基础，加强对学生功能食品加工与检验的基本实验方法和实践技能训练，使学生不但会做实验，还能了解相关实验原理和检测标准，以便在今后的科研和工作实践中融会贯通、举一反三、灵活运用。

本教材由张莉华、刘爱琴担任主编，具体编写分工如下：张莉华编写实验七、八、十四、三十、三十一、三十二、三十三、三十四；刘爱琴编写实验九、十、十二、二十四、二十五、二十六；余辉编写实验二十、二十一、二十二、二十八；赵冠里编写实验二十三、二十七；林麒编写实验一、二、六；张境编写实验三、四、五；赵冬艳编写实验十一、十三；陈少军编写实验十五、十六、十七、十八、十九；程春梅编写实验二十九。全书由张莉华、刘爱琴、陈少军统稿。

本教材编写过程中参考了国内外同行和学者的同类教材、文献资料和相关专业网站资料，有些未能一一列出，在此向相关作者表示感谢！本教材在编写和出版过程中，得到了浙江药科职业大学教务处、浙江药科职业大学食品学院以及各位编委的大力支持，在此一并表示衷心的感谢！限于编者水平与经验，难免存在疏漏与不足之处，恳请读者不吝指正，以便我们修订时改正。

编　者

2023 年 8 月

CONTENTS 目录

第一部分　功能食品功效成分的提取分离

第二部分　功能食品加工

第三部分　功能食品理化指标检测

第四部分　功能食品功效成分的检测

第五部分　功能食品的评价

第一部分
功能食品功效成分的提取分离

实验一　香菇多糖的提取分离

PPT

一、学习目标

（一）知识目标

1. 掌握香菇多糖的提取分离方法、真空浓缩技术与含量测定方法。
2. 熟悉香菇多糖提取分离的基本原理与工艺流程。
3. 了解香菇多糖的概念、理化性质和保健作用。

（二）能力目标

1. 能熟练应用酶解法提取分离香菇多糖。
2. 能熟练运用苯酚－硫酸法进行香菇多糖的测定。
3. 能准确分析提取分离中各步骤的作用，多糖沉淀原理。

（三）素质目标

1. 领会萃取、离心、浓缩、干燥等生产单元操作对从事功能食品加工的重要性，安全操作。
2. 积极参与香菇多糖的提取分离制备实验过程，在实验过程中团队合作，制作高质量的香菇多糖。

二、基本知识

（一）相关概念

1. 粗多糖　以β－D－葡聚糖或α－D－葡聚糖或其他碳糖为主链的一系列高分子化合物。分子通式为（$C_6H_{12}O_6$）$_n$。

2. 香菇多糖　是从优质香菇子实体中提取的有效活性成分，是一种水溶性多糖。香菇多糖的活性成分是具有分支的β－（1－3）－D－葡聚糖，主链由β－（1－3）－连接的葡萄糖基组成，沿主链随机分布着由β－（1－6）－连接的葡萄糖基，呈梳状结构，分子量从几万到几十万不等。

（二）香菇多糖的保健作用

香菇是一种药食两用真菌，自古以来就被当作健脾益气、调和阴阳、补虚扶正、行气活血的上品。其主要有效成分香菇多糖，具有显著提高免疫力、抗癌、抗病毒、降血脂、防止动脉硬化和抗衰老等多种功能。此外，香菇多糖还具有诱发干扰素和保肝等作用。研究表明香菇的活性多糖成分β－（1－3）－D－葡聚糖对抑制异源的、同源的，甚至遗传性的肿瘤都有效。

（三）香菇多糖的提取分离制备工艺概述

干香菇洗净→切块粉碎→提取→除杂→浓缩→沉淀→干燥→多糖粗品

1. 提取　香菇多糖的提取分离方法包括溶剂提取法、酶解法、强化提取和柱色谱法等。香菇多糖可溶于水，其极性基团较多，难溶于有机溶剂，在高浓度乙醇中析出沉淀，多采用水提醇沉法提取分离。用水作溶剂来提取香菇多糖时，用热水浸煮提取。酶技术是广泛应用到有效成分提取中的一项生物技术，在多糖的提取过程中，使用酶可降低提取条件，在比较温和的条件中能分解植物组织，加速多糖的释放或提取。此外，使用酶还可分解提取液中淀粉、果胶、蛋白质等产物，常用的酶有蛋白酶、纤维素酶、果胶酶等。

除了常规的水提醇沉法和酶法外，还出现了超声波辅助提取法、微波辅助提取法、高压脉冲法、柱色谱法、分子筛分离法等。

2. 除杂　在多糖提取物中，常会有无机盐、蛋白质、色素及小分子物质等杂质，必须分别除去。一般是先脱除非多糖组分，再对多糖组分进行分级。去除蛋白质，一般是选择能使蛋白质沉淀而不使多糖沉淀的试剂来处理，如酚、三氯乙酸、鞣酸等。但必须处理时间短，温度低，避免多糖降解。Sevage 法（三氯甲烷：戊醇/丁醇 =4：1）和三氟三氯乙烷法在避免降解上有较好效果，但要达到除尽游离蛋白质的目的仍需反复处理。如能加入蛋白质水解酶，使蛋白质大分子进行一定程度的降解，再用 Sevage 法处理，一般效果更好。

3. 浓缩、沉淀　将提取液浓缩后，在浓缩液中加乙醇，使其最终体积分数达到 80% 左右，利用多糖不溶于乙醇的性质，使多糖从提取液中沉淀出来，室温静置一定的时间，多糖的质量和产率均较高。

4. 干燥　多糖沉淀经离心或过滤后，取出沉淀物，干燥后称重，计算多糖的产率。

（四）香菇多糖含量测定

多糖含量测定常规方法是以无水葡萄糖为对照品，采用苯酚 – 硫酸法或蒽酮 – 硫酸法。

1. 苯酚 – 硫酸法　多糖在硫酸存在下先水解成单糖，再脱水生成具有呋喃环结构的化合物。由五碳糖生成的是糠醛，甲基五碳糖生成的是 5 – 甲糠醛，六碳糖生成的是 5 – 羟甲糠醛；糠醛酸在此条件下往往脱羧，并生成糠醛。糠醛及其衍生物和苯酚缩合成有色物质，在 490nm 处有最大吸收，吸收值与多糖的含量呈线性关系。

2. 蒽酮 – 硫酸法　糖类与浓硫酸在沸水浴中迅速脱水生成糠醛或其衍生物，再与蒽酮试剂缩合，形成蓝绿色溶液，在 620nm 处有最大吸收，吸收值与多糖的含量呈线性关系。

三、实践训练

本实验采用酶法提取、乙醇沉淀分离法制备香菇多糖，苯酚 – 硫酸法测定香菇多糖含量。

（一）任务分组

以小组为单位进行，建议每个小组 2～3 人，开始实验前初步确定每位同学在组内的具体分工。学生以小组为单位按照香菇多糖的提取分离制备工艺、含量测定要求进行实验操作。

小组成员		任务分工
姓名	学号	

（二）实验材料与试剂

干香菇、水、木瓜蛋白酶、纤维素酶、医用纱布、三氯甲烷、正丁醇、葡萄糖、浓硫酸、苯酚、乙醇。

（三）实验仪器与设备

电热烘箱、圆形磨口烧瓶、溶剂过滤器、组织捣碎机、水浴锅、旋转蒸发器、真空泵、电子天平（精度为 0.001g）、台式离心机、温度计、1cm 比色皿、紫外 – 可见分光光度计、试管、量筒、烧杯、玻璃棒、滤纸和托盘、干燥皿。

（四）实验过程

1. 香菇多糖的提取分离制备 本实验采用酶法提取、乙醇沉淀分离法制备香菇多糖。

（1）取样 50g 干香菇切成小块，以 1∶10（重量比）加入水，用组织捣碎机进行均质。

（2）提取 取上述全部均质液放入 1L 烧杯中，再加入 300ml 蒸馏水，加热至沸后，温火煮沸 1 小时（注意，煮沸过程中用玻璃棒不断搅拌，以免烧杯底部发生糊结；并间歇加入少量水，使杯内液体体积保持在 500ml 左右；降温至 40℃时转移到 40℃水浴保温）。

（3）酶解 加入 45ml 复合酶（木瓜蛋白水解酶浓度为 8%，纤维素酶浓度为 4%），pH6.4，搅拌反应 60 分钟，然后迅速升温到 90～100℃，灭活 1 分钟，降温后用 8 层纱布过滤，除去残渣，收集滤液。

（4）浓缩 将上述滤液倒入圆底烧瓶中，在旋转蒸发仪上进行浓缩，浓缩条件为 -0.1MPa，60℃，浓缩液体积至 100ml 左右停止。

（5）除杂 将浓缩液在 10000r/min 离心 10 分钟，将上清液转入另一烧杯，除去残渣；上清液中加入等体积的三氯甲烷-正丁醇溶液（体积比为 4∶1），搅拌 5 分钟，静置 30 分钟；将混合液体在 5000r/min 离心 20 分钟，分离水相。

（6）沉淀 在水相中加入终浓度为 80% 的乙醇，搅拌均匀，静置 20 分钟，在 5000r/min 下离心 10 分钟。

（7）真空浓缩、干燥 取出沉淀物，转移至已恒重的干燥皿中，在真空干燥箱中 80℃下真空干燥。干燥后，称重，计算多糖的产率。

2. 香菇多糖的含量测定

（1）准确称取干燥后香菇多糖 20mg 于 500ml 容量瓶中，加水定容。

（2）取定容液 2ml 置于 20ml 具塞试管中，加入 6% 苯酚 1ml，混匀，再加入浓硫酸 5ml，混匀，放置 20 分钟后，以相应试剂为空白，于 490nm 测吸光度。

（3）葡萄糖标准曲线的制定 准确称取葡萄糖 20mg 用水定容于 500ml 容量瓶中；然后分别移取上述葡萄糖溶液 0ml、0.4ml、0.6ml、0.8ml、1.0ml、1.2ml、1.4ml、1.6ml、1.8ml 置于 20ml 具塞试管中，补水至 2ml，各加入 6% 苯酚 1ml，混匀；再加入浓硫酸 5ml，混匀；放置 20 分钟后，以相应试剂为空白，于 490nm 分别测吸光度。以吸光度为纵坐标，葡萄糖浓度为横坐标，绘制标准曲线，并求出回归方程和相关系数。

（4）根据香菇多糖吸光度和葡萄糖标准曲线，计算多糖含量。

$$\text{香菇多糖含量（\%）} = \frac{c \times V \times d}{m \times 10^3} \times 100\%$$

式中，c 为由标准曲线查出的测试液中香菇多糖的浓度，μg/ml；V 为供试品溶液定容体积，ml（此处取 500ml）；d 为稀释因子（例 2ml 稀释成 10ml 则其稀释因子为 5）；m 为供试品质量，mg。

（五）实验结果

香菇多糖的提取分离实验结果见表 1-1。

表 1-1 实验数据表

评价项目	结果	结论
香菇多糖质量		
感官评价		
香菇多糖产率（%）		
香菇多糖含量（%）		

（六）注意事项

1. 复合酶提取多糖时，酶的种类和比例、添加量、酶解温度、酶解 pH、酶解时间、料液比等直接关系到提取效率，使用时应按照说明书具体要求适当调整。

2. 实验过程中离心、浓缩、干燥过程中注意安全，尤其是多糖含量测定过程中使用浓硫酸，务必规范操作，保证实验安全。

四、效果评价

项目	分值	评分标准	个人自评	小组互评	教师评价	各项得分
出勤纪律	10	能严格遵守实验纪律和安全规则，无任何违纪现象为满分				
操作技能	50	完全符合实验规定操作要求，能熟练应用酶法提取分离香菇多糖，能规范应用苯酚－硫酸法进行香菇多糖含量测定为满分				
实验结果	15	能规范记录和正确计算香菇多糖产率、香菇多糖含量，制备质量合格的香菇多糖产品为满分				
实验态度	10	实验中态度端正，不怕累、不怕苦，实验中积极主动、与小组同学分工协作为满分				
实验报告	15	符合要求，内容充实，字迹工整，独立完成为满分				
		总分（各项得分的平均值）				

五、问题情境

1. 根据本实验步骤，请写出多糖产率及纯度的计算公式。
2. 利用所学生物化学知识，分析多糖沉淀原理。

参考答案

六、总结反馈

实验反思
实验过程中产生的问题，解决办法
心得体会

实验二　茶多酚的提取分离

PPT

一、学习目标

（一）知识目标

1. 掌握茶多酚提取分离方法以及茶多酚感官评价与含量测定方法。

2. 熟悉茶多酚提取分离的基本原理。

3. 了解茶多酚的概念和种类。

（二）能力目标

1. 能熟练使用溶剂提取法进行茶多酚的提取分离。

2. 能熟练进行茶多酚感官评价和含量测定。

3. 能准确分析茶多酚的提取分离中各步骤的作用。

（三）素质目标

1. 在小组合作进行茶多酚的提取分离实验过程中发挥团结协作的精神，养成踏实勤奋、求真务实的职业品质。

2. 积极参与茶多酚的提取分离实验过程，制作高质量的茶多酚，培养精益求精、追求品质的工匠精神。

二、基本知识

（一）茶多酚相关概念

1. 茶多酚　根据《茶制品　第2部分：茶多酚》（GB/T 31740.2—2015），茶多酚（TP）是以茶叶或茶鲜叶为原料，经提取而成的以儿茶素为主体的酚类化合物。绿茶中茶多酚含量最高，为茶叶干重的15%～20%。

茶多酚呈淡黄色至红褐色或茶褐色的粉末，味涩，易溶于水、乙醇和乙酸乙酯，在碱性条件或遇铁质时易变色，有吸湿性，耐热性好。茶多酚有比较好的耐酸性，在pH2～7范围内均十分稳定，光照或pH＞8时易氧化聚合。

茶多酚是一类由表儿茶素（EC）、表没食子酸儿茶素（EGC）、表儿茶素没食子酸酯（ECG）和表没食子儿茶素没食子酸酯（EGCG）等组成的多羟基酚类化合物的总称，据研究表明茶多酚具有抗氧化、清除自由基、降血脂、降血糖及酶等一系列重要作用。

2. 分类与规格　按照茶多酚含量可分为TP30、TP70和TP80三种规格（表2－1）。

表 2-1 茶多酚分类与规格表

项目		指标		
		TP30	TP70	TP80
茶多酚（质量分数，%）	≥	30	70	80
儿茶素类（质量分数，%）	≥	—	40	50
咖啡因（质量分数，%）	≤	15.0	5.0	
总灰分（质量分数，%）	≤	15.0	5.0	3.0
水分（质量分数，%）	≤	6.0		

（二）茶多酚的提取分离工艺

茶多酚提取分离方法主要有水和有机溶剂提取法、超临界流体萃取法、超声波浸提方法、微波浸提法、离子沉淀法、树脂吸附分离法、低温纯化酶法等。其中溶剂提取法实验室最为常用。茶多酚易溶水、甲醇、乙醇、丙醇及乙酸乙酯，在三氯甲烷、苯等有机溶剂中不溶。利用茶多酚在不同溶剂中的溶解差异进行分离，是提纯茶多酚的常用方法，其工艺路线如下。

茶叶原料去除杂质→粉碎并称取样品→纱布包扎→溶剂提取（重复此步骤，多次提取）→过滤→合并滤液→纯化→干燥。

1. 原料及处理 绿茶、红茶、乌龙茶等茶叶都可作为提取茶多酚的原料，优选绿茶。可以采用完整茶叶直接浸提或粉碎后浸提。如采用磨碎茶叶浸提时，在过滤阶段容易造成滤膜堵塞，因此，需采用粗纱布包扎浸提。

2. 浸提 茶多酚易溶于水、甲醇、乙醇、丙醇及乙酸乙酯，浸提时可以选用适宜的浸提溶剂，同时考察料液比、浸提温度、浸提次数、浸提溶剂的回收和安全性等，选择合适的浸提溶剂，提高浸提效率。

例如采用乙醇为浸提溶剂，乙醇可以明显抑制茶多酚尤其是表没食子儿茶素没食子酸酯（EGCG）的氧化，从而提高茶多酚及儿茶素的回收率。乙醇浓度及浸提次数是影响茶多酚浸提率的主要因素，由于乙醇的氧化抑制作用，温度及时间对茶多酚的影响作用降低，可通过单因素试验确定最佳的乙醇浓度、浸提温度和浸提次数。

3. 纯化 过滤后的浸提液经浓缩后，可采用重结晶或柱分离等纯化方式进行进一步纯化。

4. 干燥 茶多酚耐热性好，可采用烘箱直接干燥、真空干燥或冷冻干燥等方式，得到茶多酚固体产品。

（三）茶多酚的质量评价

1. 茶多酚感官评价 采用描述性感官检验法，观察并记录茶多酚的色泽、性状、溶解性等。

2. 茶多酚含量测定 植物多酚总酚的含量测定通常采用福林酚法、普鲁士蓝法、酒石酸亚铁法等。单体酚一般采用 HPLC、HPLC-MS 法测定。《茶制品 第 2 部分：茶多酚》（GB/T 31740.2—2015）和《茶叶中茶多酚和儿茶素类含量的检测方法》（GB/T 8313—2018）中茶叶的茶多酚含量测定都采用福林酚法。

福林酚法是利用酚类化合物在碱性溶液中可将钨钼酸还原（W^{6+} 变为 W^{5+}），生成蓝色的化合物，该化合物在 765nm 处有最大吸收，且吸收值与多酚含量呈正相关，以没食子酸为标准物质校正，标准曲线法定量分析茶多酚含量。该方法操作简单、精密度高、稳定性和重现性好，但蛋白质和抗坏血酸等对其有干扰。

三、实践训练

本实验采用有机溶剂提取、柱分离纯化制备茶多酚，利用福林酚法测定茶多酚含量。

（一）任务分组

以小组为单位进行，建议每个小组2~3人，开始实验前初步确定每位同学在组内的具体分工。学生以小组为单位按照茶多酚的提取分离和质量评价要求进行实验操作。

小组成员		任务分工
姓名	学号	

（二）实验材料与试剂

茶叶、乙醇（分析纯）、70%甲醇、聚酰胺柱、纯水、碳酸钠、福林酚试剂（1mol/L）、没食子酸标准品。

（三）实验仪器与设备

粉碎机、电子天平（0.001g）、分光光度计、离心机、电热烘箱、圆形磨口烧瓶、溶剂过滤器、真空泵、旋转蒸发仪、水浴锅、温度计、冻干机或真空干燥箱、30目筛、烧杯、玻璃棒、容量瓶、滤纸和托盘。

（四）实验过程

1. 茶多酚的提取分离

（1）预处理　对茶叶进行筛选，去除残渣等。

（2）称样　用天平称取完整茶叶10g，放入250ml烧瓶内（也可以粉碎后取样，并用纱布包扎）。

（3）浸取　烧杯加120ml 40%乙醇于40℃水浴中热回流提取10分钟，用4层纱布粗滤得粗滤液；残渣再加入120ml 40%乙醇于40℃热回流提取10分钟，用4层纱布粗滤得粗滤液；残渣再加入120ml 40%乙醇于40℃热回流提取10分钟，用4层纱布粗滤得粗滤液，合并三次粗滤液。

（4）过滤　合并滤液过滤后，用旋转蒸发仪浓缩至约5ml，回收溶剂。

（5）纯化　将茶多酚浓缩液注入聚酰胺柱中后，先用5%的乙醇溶液120ml在2.0ml/min的流速下洗脱咖啡因，弃去洗脱液；然后用120ml 70%乙醇溶液在1.5ml/min的流速下洗脱茶多酚，收集洗脱液。

（6）干燥　洗脱液用旋转蒸发仪蒸发回收溶剂，浓缩液移至已恒重的干燥皿，冷冻干燥或真空干燥得茶多酚，称量并计算茶多酚产率。

2. 茶多酚的含量测定　本实验采用福林酚法测定茶多酚含量。

（1）试剂配制

1）10%福林酚试剂（现配）　量取25ml福林酚试剂到250ml容量瓶中，用水定容并摇匀。

2）7.5%碳酸钠溶液　称取37.50g±0.01g碳酸钠，加适量水溶解，转移至500ml容量瓶中，定容至刻度，摇匀（室温下可保存1个月）。

3）没食子酸标准储备溶液（1000μg/ml）　称取 0.110g ± 0.001g 没食子酸（GA，相对分子质量 188.14），于 100ml 容量瓶中溶解并定容至刻度，摇匀（现配）。

4）没食子酸工作液　移液管分别移取 1.0ml、2.0ml、3.0ml、4.0ml、5.0ml 的没食子酸标准储备溶液于 100ml 容量瓶中，分别用水定容至刻度，摇匀，浓度分别为 10μg/ml、20μg/ml、30μg/ml、40μg/ml、50μg/ml。

（2）供试品溶液的制备　取约 100mg 茶多酚提取样品，用 70% 甲醇水溶液进行溶解，并用容量瓶定容至 100ml。摇匀，待测。

（3）测定　用移液管分别移取没食子酸工作液、水（作空白对照用）及供试品溶液各 1.0ml 于刻度试管内，在每个试管内分别加入 5.0ml 的 10% 福林酚试剂，摇匀。反应 3 ~ 8 分钟内，加入 4.0ml 7.5% 碳酸钠溶液，摇匀。室温下放置 60 分钟。用 1cm 比色皿、在 765nm 波长条件下用分光光度计测定吸光度（*A*）。

根据没食子酸工作液的吸光度（*A*）与各工作溶液的没食子酸浓度，制作标准曲线。样品吸光度应在没食子酸标准工作曲线的校准范围内，若样品吸光度高于最高浓度的没食子酸标准工作溶液的吸光度，则应对样品测试液进行稀释。

（4）结果计算　比较试样和标准工作液的吸光度，按下式计算。

$$\text{茶多酚含量（\%）} = \frac{c \times V \times d}{m \times 10^3} \times 100\%$$

式中，c 为由标准曲线查出的测试液中茶多酚的浓度，μg/ml；V 为供试品溶液体积，ml（此处取 100ml）；d 为稀释因子（例 2ml 稀释成 10ml 则其稀释因子为 5）；m 为供试品质量，mg。

（五）实验结果

茶多酚的提取分离实验结果见表 2 - 2 所示。

表 2 - 2　茶多酚提取分离实验结果

评价项目	结果	结论
茶多酚质量		
感官评价		
茶多酚含量（%）		
茶多酚产率（%）		

（六）注意事项

1. 茶多酚浸提在 40℃进行，乙醇可以回收再利用。

2. 福林酚试剂有腐蚀性，实验过程规范操作，确保安全。

3. 乙醇浓度及浸提次数是影响茶多酚浸提率的主要因素，由于乙醇的氧化抑制作用，温度及时间对茶多酚的影响作用降低，40% 乙醇在温度为 40℃ 浸提 10 分钟三次，茶多酚浸提率较采用国标法（GB/T 8313—2018）提高 29.4%，EGCG 提高 16.1%。

四、效果评价

项目	分值	评分标准	个人自评	小组互评	教师评价	各项得分
出勤纪律	10	能严格遵守实验纪律和安全规则，无任何违纪现象为满分				
操作技能	50	完全符合实验规定操作要求，能熟练进行茶多酚提取分离纯化，能进行茶多酚感官评价和含量测定为满分				
实验结果	15	能规范记录和正确计算茶多酚质量评价项目，制备质量合格的产品为满分				
实验态度	10	实验中态度端正，不怕累、不怕苦，实验中积极主动、与小组同学分工协作为满分				
实验报告	15	符合要求，内容充实，字迹工整，独立完成为满分				
		总分（各项得分的平均值）				

五、问题情境

1. 茶多酚纯化步骤中聚酰胺柱的上柱与洗脱过程中有哪些注意事项？
2. 样品冻干操作中，冻干机操作有哪些注意事项？

参考答案

六、总结反馈

实验反思
实验过程中产生的问题，解决办法 心得体会

书网融合……

GB 1886. 211—2016　　GB/T 31740. 2—2015　　GB/T 8313—2018

实验三　卵磷脂的提取分离

PPT

一、学习目标

（一）知识目标

1. 掌握卵磷脂的提取分离方法和鉴定方法。
2. 熟悉卵磷脂提取分离、鉴定的基本原理。
3. 了解卵磷脂的理化性质和功能作用。

（二）能力目标

1. 理解并利用卵磷脂的溶解特性进行卵磷脂的提取分离。
2. 加深对磷脂类物质结构和性质的认识，能通过对分解产物的检验，熟练进行卵磷脂的鉴定。

（三）素质目标

1. 积极参与卵磷脂的提取分离和鉴定实验，在实验过程中养成耐心细致的工作态度，制作高质量的卵磷脂产品。

2. 提高日常合理膳食与良好生活习惯相结合的健康意识，养成健康的生活习惯，增强自我保健能力。

二、基本知识

（一）相关概念

卵磷脂是一种广泛存在于动植物中的天然活性物质，在食品中广泛作为乳化剂、抗氧化剂、食品营养添加剂等。动物体中的卵磷脂主要存在于动物血液、脑组织、内脏、禽蛋卵黄等组织中，其中以动物肝脏和蛋黄的卵磷脂为代表，蛋黄中卵磷脂含量可达10%左右，因此称为卵磷脂；植物卵磷脂的主要来源是油料作物种子，以大豆磷脂最为常见。卵磷脂具有增强记忆力、降血脂、降血糖、抗氧化、提高免疫力等功效。卵磷脂也被誉为与蛋白质、维生素并列的“第三种营养素”。

卵磷脂是由脂肪酸、甘油、磷酸组成的甘油磷脂。狭义的卵磷脂是指蛋黄磷脂和大豆磷脂中的主要成分磷脂酰胆碱（PC）；广义的卵磷脂是指包括卵磷脂（磷脂酰胆碱，PC）、脑磷脂（磷脂酰乙醇胺，PE）、肌醇磷脂（磷脂酰肌醇，PI）、丝氨酸磷脂（磷脂酰丝氨酸，PS）和溶血磷脂（溶血磷脂酰胆碱，LPC）等在内的各种磷脂质集合体。

新提取的卵磷脂为白色至枯黄色粉末或团块，在低温下可结晶，有轻微的异常气味，味淡。等电点是6.7，易溶于乙醚、苯、三氯甲烷及乙醇中，不溶于丙酮，但丙酮能溶解油脂和游离脂肪酸、甘油三酯等，不同的卵磷脂在有机溶剂中溶解度不同，故可用有机溶剂来提取分离卵磷脂。

（二）卵磷脂的提取方法

1. 有机溶剂提取法　卵磷脂的提取工艺中一般都采用有机溶剂提取法。根据卵磷脂中各活性成分对有机溶剂的溶解力不同，常使用对卵磷脂溶解大的有机溶剂，并常与沉淀法结合来分离纯化卵磷脂，一般选择的溶剂是乙醇和丙酮。通过对溶剂浓度、提取时间、提取次数、提取温度、溶剂用量等方面的研究来提高卵磷脂得率。

2. 酶解法 利用酶可以破坏大多数脂类物质，从而加速磷脂的释放速度，提高磷脂的得率。酶解法可以避免一般工艺溶剂残留的缺点，可获得有活性的水解蛋白，这是酶解法的重要优势。

3. 超临界流体萃取法 相比溶剂提取法，超临界流体萃取卵磷脂是一种绿色安全的生产技术，且CO_2临界流体的密度很容易通过改变压力和温度来调节。利用CO_2临界流体可以溶解油脂，但磷脂在CO_2中几乎不溶解的性质，用超临界CO_2萃取，可以除去磷脂中的油脂，得到纯度较高的卵磷脂。

4. 超声波、微波提取法 利用机械波和电磁波的作用对提取物进行萃取，从而有效地分离提取卵磷脂。

（三）卵磷脂的分离纯化方法

1. 化学沉淀法

（1）无机盐复合沉淀法 金属离子与卵磷脂会发生反应形成复合物，产生沉淀。利用这种性质，有机溶剂中的卵磷脂被有效分离出来，还能去除蛋白质、脂肪等杂质对卵磷脂提取的影响。一般选用$ZnCl_2$作为理想的沉淀剂。

（2）乙酰化沉淀法 蛋黄中的磷脂主要含有卵磷脂和脑磷脂，分离这两种磷脂主要根据它们化学性质的不同而实现分离。脑磷脂能与醋酸或乙酸乙酯等酰化试剂发生酰化反应，生成酰化脑磷脂，酰化脑磷脂可溶于丙酮，而卵磷脂无此反应，故可以此原理分离卵磷脂。

化学沉淀法通过加入化学试剂与某类磷脂发生反应，产生沉淀。该方法能有效分离卵磷脂和脑磷脂，得到高纯度卵磷脂；但容易造成金属离子和化学溶剂的残留，后期除杂工艺复杂。

2. 柱层析法 是一种普遍应用于卵磷脂的分离纯化方法。该法是利用固定相对卵磷脂中各活性成分的吸附能力不同，再用流动相对吸附样品进行洗脱，根据各组分极性的不同来达到分离纯化的目的。当前固定相介质主要有氧化铝、硅胶、离子交换树脂或分配介质等。柱层析法分离卵磷脂产品纯度高，设备简单，操作灵活；但处理量有限，不能连续操作，产品中存在溶剂残留。

3. 膜分离法及其组合工艺 膜分离法是以磷脂分子透过半透膜的速度不同，将卵磷脂从混合物中分离出来。膜分离法可在分子级，不影响其性质和结构的情况下进行分离。膜分离法是采用天然或人工合成的膜（如中空纤维超滤膜、有机高分子膜、无机陶瓷膜等），在外界能量或化学位差（如浓度差、压力差、电位差）提供推动力，原料组分选择性地透过膜，从而达到样品分离、分级、富集和纯化的技术方法。此法耗能低，装置简单，易于操作，无二次污染；但处理量不大，半透膜的价格较贵，设备费用高，难以区分卵磷脂和脑磷脂。

（四）卵磷脂的鉴别方法

卵磷脂为白色，当与空气接触后，其所含不饱和脂肪酸会被氧化而使卵磷脂呈黄褐色。卵磷脂被碱水解后可分解为脂肪酸盐、甘油、胆碱和磷酸盐，可分别进行化学鉴定。

甘油与硫酸氢钾共热，可生成具有特殊臭味的丙烯醛；磷酸盐在酸性条件下与钼酸铵作用，生成黄色的磷钼酸沉淀；胆碱在碱的进一步作用下生成无色且具有氨和鱼腥气味的三甲胺。这样通过分解产品的检验可以对卵磷脂进行鉴定。

四、实践训练

本实验采用乙醇为提取溶剂，利用丙酮沉淀得粗卵磷脂，然后采用无机盐复合沉淀法纯化后干燥制备卵磷脂；通过分解产品的检验鉴定卵磷脂。

（一）任务分组

以小组为单位进行，建议每个小组 2 ~ 3 人，开始实验前初步确定每位同学在组内的具体分工。学生以小组为单位按照卵磷脂的提取分离工艺和鉴定方法要求进行实验操作。

小组成员		任务分工
姓名	学号	

（二）实验材料与试剂

鸡蛋（鸡蛋黄）、红色石蕊试纸、95% 乙醇、10% 氢氧化钠溶液、钼酸铵试剂（将 6g 钼酸铵溶于 15ml 蒸馏水中，加入 5ml 浓氨水，另外将 24ml 浓硝酸溶于 46ml 的蒸馏水中，两者混合静置一天后再用）、硫酸氢钾、丙酮、三氯甲烷、氯化锌、植物油。

（三）实验仪器与设备

蛋液分离器、烧杯、量筒、玻璃棒、蒸发皿、试管、漏斗、电子天平、电炉、试管夹、洗瓶等。

（四）实验过程

1. 蛋黄卵磷脂的提取与纯化 本实验采用乙醇为提取溶剂，利用丙酮沉淀得粗卵磷脂，然后采用无机盐复合沉淀法纯化后干燥，即得白色蜡状卵磷脂产品。工艺流程如下：蛋黄（含蛋白质、脂肪、卵磷脂、脑磷脂等）→热乙醇提取→过滤→除去滤渣（蛋白质、脑磷脂等）→滤液→水浴蒸干→三氯甲烷提取→丙酮沉淀→过滤→粗卵磷脂→$ZnCl_2$ 纯化→过滤→丙酮洗涤→干燥→精制卵磷脂。

（1）卵磷脂的提取 将新鲜鸡蛋击破一个小孔，用蛋液分离器将蛋清分离，取 10g 蛋黄于小烧杯中，边搅拌边加入温热（加热至略有热气冒出，无需沸腾）的 95% 乙醇 30ml，冷却后过滤，除去不溶于乙醇的蛋白质、脑磷脂等杂质。将滤液在水浴上蒸干，加三氯甲烷抽提一次，抽提液用丙酮沉淀，溶于三氯甲烷不溶于丙酮的卵磷脂被沉淀出来，醇溶性的中性脂肪等被过滤除去，从而达到纯化的目的，得到粗卵磷脂。

（2）卵磷脂的纯化 取沉淀的粗卵磷脂，加少量无水乙醇溶解，得到约 10% 的乙醇粗提液，加入相当于粗卵磷脂质量 10% 的 $ZnCl_2$ 水溶液，室温搅拌 0.5 小时，过滤分离得沉淀物，加适量冰丙酮（4℃）洗涤，搅拌 15 分钟，再用丙酮反复洗涤 2 ~ 3 次，直至丙酮洗涤液近无色止，得到白色蜡状的精卵磷脂；干燥、称重。

2. 卵磷脂的鉴定

（1）三甲胺的检验 取干燥试管一支，加入少量提取的卵磷脂以及 2 ~ 5ml 的 10% 氢氧化钠溶液，放入水溶液中加热 15 分钟，在管口放一张红色石蕊试纸，观察颜色有无变化，并嗅其气味。将加热过的溶液过滤，滤液供下面检验用。

（2）磷酸的检验 取干净试管一支，加入 10 滴上述滤液和 5 ~ 10 滴 95% 乙醇溶液，然后再加入 5 ~ 10 滴钼酸铵试剂，观察现象；然后将试管放入热水浴中加热 5 ~ 10 分钟，观察有何变化。

（3）甘油的检验 取干净试管一支，加入少许卵磷脂和 0.2g 硫酸氢钾，用试管夹夹住并先在小火上略微加热，使卵磷脂和硫酸氢钾混熔，然后再集中加热，待有水蒸气放出时，嗅其气味。

（4）乳化实验　取两支干净的试管，分别加入 1ml 蒸馏水，一支加入卵磷脂，并使之均匀分散在水中，加入 10 滴植物油；另一支不加卵磷脂作为对照，剧烈摇动后静置，比较两试管内容物的乳化状。

（五）实验结果

卵磷脂的提取分离和卵磷脂的鉴定实验结果如表 3-1 所示。

表 3-1　卵磷脂提取分离和鉴定实验结果

评价项目	结果	结论
卵磷脂质量		
感官评价		
卵磷脂产率（%）		
三甲胺的检验		
磷酸的检验		
甘油的检验		
乳化实验		

（六）注意事项

1. 本实验中使用的丙酮、三氯甲烷、乙醇等均为易燃溶剂，氯化锌具有腐蚀性，实验过程中注意安全，做好防护。

2. 利用 95% 乙醇粗提取卵磷脂时，可以分三次提取，效果更好。

3. 三甲胺检验时，氢氧化钠浓度或者用量可尝试改变，以便检验现象比较明显。

四、效果评价

项目	分值	评分标准	个人自评	小组互评	教师评价	各项得分
出勤纪律	10	能严格遵守实验纪律和安全规则，无任何违纪现象为满分				
操作技能	50	完全符合实验规定操作要求，能熟练进行卵磷脂提取和纯化，能规范进行卵磷脂鉴定为满分				
实验结果	15	能规范记录卵磷脂提取和鉴别过程中的现象，正确计算卵磷脂产率，制备质量合格的卵磷脂产品为满分				
实验态度	10	实验中态度端正，不怕累、不怕苦，实验中积极主动、与小组同学分工协作为满分				
实验报告	15	符合要求，内容充实，字迹工整，独立完成为满分				
		总分（各项得分的平均值）				

五、问题情境

1. 在提取卵磷脂过程中如何除去卵黄中的其他生物大分子物质？

2. 查找资料，利用所学知识设计蛋黄卵磷脂中磷脂酰胆碱和磷脂酰乙醇胺含量的测定方法。

参考答案

六、总结反馈

实验反思
实验过程中产生的问题，解决办法   心得体会

实验四　牛乳中酪蛋白的提取分离

PPT

一、学习目标

（一）知识目标

1. 掌握等电点法从牛乳中提取分离酪蛋白的原理和方法。
2. 熟悉等电点法沉淀提取蛋白质的方法。
3. 了解酪蛋白的理化性质和功能作用。

（二）能力目标

1. 理解并利用酪蛋白等电点特性进行酪蛋白的提取分离。
2. 加深对酪蛋白结构和性质的认识，能利用酪蛋白的理化性质，熟练进行酪蛋白的提取与纯化。

（三）素质目标

1. 积极参与酪蛋白的提取和纯化实验，制作高质量的酪蛋白产品。
2. 在实验过程中培养耐心细致的工作态度、小组分工合作的团队协作意识。

二、基本知识

（一）相关概念

酪蛋白又称干酪素、乳酪素，是以乳和（或）乳制品为原料，经酸法、酶法或膜分离工艺制得的一类磷钙结合型蛋白。酸法酪蛋白是以乳和（或）乳制品为原料，经脱脂、酸化使酪蛋白沉淀，再经过滤、洗涤、干燥等工艺制得的产品。酶法酪蛋白是以乳和（或）乳制品为原料，经脱脂、凝乳酶沉淀酪蛋白，再经过滤、洗涤、干燥等工艺制得的产品。膜分离酪蛋白是以乳和（或）乳制品为原料，经脱脂、膜分离酪蛋白，再经浓缩、杀菌、干燥等工艺制得的产品。

酪蛋白分子结构极其复杂，根据分子特性不同可分为四个亚型，分别为 α_{s_1}-酪蛋白、α_{s_2}-酪蛋白、β-酪蛋白、k-酪蛋白，这四种单体又以 α-螺旋、β-折叠、β-转角等形式组成了酪蛋白的空间结构。

酪蛋白为乳白色或乳黄色、无味、无嗅的粉状固体，不溶于水、乙醇及有机溶剂，但溶于碱溶液，等电点为4.7。酪蛋白含有人体所需的八种必需氨基酸，是一种全价蛋白质，对钙和磷的吸收具有促进作用。酪蛋白能够被蛋白酶分解为多种小分子生物活性肽，具有抗氧化、降低胆固醇、调节肠道和免疫调节等功能。

（二）牛乳中酪蛋白提取分离

从牛乳中提取分离酪蛋白的方法有酸法、酶法和膜分离等，本实验重点学习等电点酸法沉淀提取分离酪蛋白。

1. 提取分离原理　酪蛋白是哺乳动物乳中最重要的蛋白质，目前所用酪蛋白主要来源于一些较为常见且产量高、成本低的牛奶、羊奶等乳制品。牛乳中主要含有酪蛋白和乳清蛋白两种蛋白质，其中酪蛋白占牛乳蛋白的80%。乳清蛋白与酪蛋白不同，其水合能力强、分散性高，可溶解分散在乳清中。

蛋白质是两性电解质，带电荷状态与溶液 pH 有关。蛋白质分子上带有氨基或羧基，所以蛋白质分子在溶液中遇到碱或酸时，蛋白质分子上的氨基或羧基就要与其反应，使蛋白质分子呈现阳电性或阴电性。当蛋白质在碱性条件下，具有酸性的羧基与其反应，使蛋白质分子带上负电荷；当蛋白质在酸性条件下，具有碱性的氨基与其反应，使蛋白质带上正电荷；当正、负电荷数相等时，即净电荷为零时溶液的 pH 为其等电点。蛋白质溶液处于等电点时，其分子净电荷为零，失去同种电荷排斥作用，很容易聚集沉淀。根据蛋白质在其等电点溶解度最低的原理，在一定温度下，用缓冲溶液将牛乳的 pH 调整至酪蛋白等电点 4.7，酪蛋白发生沉淀，酪蛋白不溶于水和有机溶剂，用蒸馏水和有机溶剂洗涤沉淀中的杂蛋白和脂类等其他物质，得到较为纯净的酪蛋白。

2. 牛乳中酪蛋白提取分离工艺　鲜牛乳→脱脂→脱脂乳→酸法沉淀酪蛋白→离心→水洗→再脱脂→烘干→称重→酪蛋白产品

（1）脱脂　鲜牛乳加入离心管中进行离心，离心转速与离心时间是影响牛乳脱脂效果的主要因素，脱脂效果直接影响最终制得酪蛋白脂肪杂质的含量。可以通过观察离心后上层乳组织状态来初步确定离心转速和时间。离心后用药匙轻挑去上层脂肪层。

（2）酸法沉淀酪蛋白　牛乳进行等电点酸法提取酪蛋白的关键步骤是让酪蛋白凝聚，预热温度和絮凝反应时间影响酪蛋白凝聚效果。可通过观察酪蛋白沉淀状态来确定最佳预热温度和反应时间。

（3）离心　当脱脂乳加缓冲液酪蛋白絮凝沉淀后，离心去除乳清，剩下沉淀物即为湿酪蛋白粗品。

（4）水洗　用蒸馏水洗涤湿酪蛋白沉淀，离心弃去上清液，以尽量除去乳清蛋白和乳糖等，得粗酪蛋白。

（5）再脱脂　分别用95%乙醇、乙醇乙醚混合物（体积比，1∶1）、无水乙醚再去除粗酪蛋白中的其他脂溶性成分。

（6）干燥、称重　沉淀置于50℃烘箱内烘干30分钟，电子天平称重，得酪蛋白纯品，计算酪蛋白得率。

三、实践训练

本实验采用等电点酸法沉淀提取分离牛乳中的酪蛋白。

（一）任务分组

以小组为单位进行，建议每个小组 2～3 人，开始实验前初步确定每位同学在组内的具体分工。学生以小组为单位按照牛乳中酪蛋白提取分离工艺要求进行实验操作。

小组成员		任务分工
姓名	学号	

（二）实验材料与试剂

新鲜牛乳、0.2mol/L pH4.7 醋酸－醋酸钠缓冲液、95%乙醇、乙醇乙醚混合液（V∶V=1∶1）、无水乙醚、冰乙酸、蒸馏水。

（三）实验仪器与设备

离心机、水浴锅、烧杯、天平、酸度计、表面皿、离心管、布氏漏斗等。

（四）实验过程

1. 0.2mol/L pH4.7 醋酸－醋酸钠缓冲液的配制

（1）A 液　称取 54.44g NaAc·$3H_2O$ 加蒸馏水定容至 2000ml，摇匀。

（2）B液　称取12.0g优级纯醋酸加蒸馏水定容至1000ml，摇匀。

（3）0.2mol/L pH4.7醋酸-醋酸钠缓冲液　取A液1770ml、B液1230ml混合均匀，即得0.2mol/L pH4.7醋酸-醋酸钠缓冲液3000ml。

2. 牛乳中酪蛋白的提取与纯化

（1）脱脂　取鲜牛乳10ml置于离心管中，4000r/min离心30分钟，取出后用药匙轻挑去上层脂肪层。

（2）加热、酸法沉淀酪蛋白　将脱脂后的牛乳与10ml pH4.7醋酸-醋酸钠缓冲溶液分别预热至40℃，再将缓冲液缓慢加入牛乳中，并搅拌均匀，静置反应10分钟，让酪蛋白充分絮凝。

（3）离心　当脱脂乳加缓冲液酪蛋白絮凝沉淀后，3000r/min离心15分钟后去除上层乳清，得湿酪蛋白粗品。

（4）水洗　加5ml蒸馏水悬浮沉淀并振摇均匀，3000r/min离心10分钟后弃去上清液，以尽量除去乳清蛋白和乳糖等。沉淀再重复水洗2次。

（5）再脱脂　用5ml 95%乙醇悬浮沉淀并振摇均匀，3000r/min离心5分钟，弃去上清液；用5ml乙醇乙醚混合物（体积比，1∶1）悬浮沉淀并振摇混匀，3000r/min离心5分钟，弃去上清液，重复两次；最后用5ml无水乙醚悬浮沉淀，布氏漏斗真空过滤、抽干，将沉淀摊开在表面皿上。

（6）干燥、称重　将装有沉淀的表面皿置于50℃烘箱内烘干20分钟，电子天平称重，得酪蛋白纯品，计算酪蛋白得率。

3. 酪蛋白质量评价

（1）感官评价　采用描述性感官检验法，取适量样品散放在白色盘中，在自然光下，用肉眼直接观察形态、色泽、杂质；嗅其气味、品尝其滋味。应符合表4-1要求。

表4-1　酪蛋白感官评价项目与指标表

项目	指标
形态	干燥均匀粉末，无结块现象
色泽	乳白色至乳黄色
滋味与气味	具有该产品特有滋味和气味，无异味
杂质	无肉眼可见的杂质

（2）酪蛋白得率　分别按下式计算酪蛋白含量和酪蛋白得率。

$$\text{酪蛋白含量（g/100ml）}=\frac{\text{酪蛋白质量（g）}}{\text{实验用牛乳样品量（ml）}}\times 100$$

$$\text{酪蛋白得率（\%）}=\frac{\text{测定含量}}{\text{理论含量}}\times 100\%$$

（五）实验结果

牛乳中酪蛋白的提取和酪蛋白质量评价结果见表4-2所示。

表4-2　牛乳中酪蛋白提取分离实验结果

评价项目	结果	结论
感官评价		
酪蛋白质量（g）		
实验用牛乳量（ml）		
酪蛋白理论含量		
酪蛋白得率（%）		

（六）注意事项

1. 本实验应用等电点酸法沉淀酪蛋白，调节牛奶液的等电点一定要准确，最好用酸度计测定。
2. 在脱脂过程中用到挥发性、有毒的乙醚，脱脂步骤最好在通风橱中操作。
3. 每次离心操作都要配平衡，防止离心机损坏。

四、效果评价

项目	分值	评分标准	个人自评	小组互评	教师评价	各项得分
出勤纪律	10	能严格遵守实验纪律和安全规则，无任何违纪现象为满分				
操作技能	50	完全符合实验规定操作要求，能熟练进行酪蛋白提取和纯化，能规范进行离心、过滤操作为满分				
实验结果	15	能规范记录酪蛋白提取分离过程中的现象，正确计算酪蛋白产率，制备质量合格的酪蛋白产品为满分				
实验态度	10	实验中态度端正，不怕累、不怕苦，实验中积极主动、与小组同学分工协作为满分				
实验报告	15	符合要求，内容充实，字迹工整，独立完成为满分				
		总分（各项得分的平均值）				

五、问题情境

1. 查找资料，利用所学知识设计测定酪蛋白纯度的具体方法。
2. 等电点法提取蛋白质的优点是什么？

参考答案

六、总结反馈

实验反思
实验过程中产生的问题，解决办法
心得体会

书网融合……

GB 31638—2016

实验五　大蒜超氧化物歧化酶的提取分离

PPT

一、学习目标

（一）知识目标

1. 掌握超氧化物歧化酶的提取分离和活性检测的一般步骤。

2. 熟悉超氧化物歧化酶提取分离的原理和活性检测方法。

3. 了解超氧化物歧化酶的来源和功能作用。

（二）能力目标

1. 理解并会利用超氧化物歧化酶的理化特性；能熟练进行超氧化物歧化酶的提取分离。

2. 加深对超氧化物歧化酶物质结构和性质的认识；能独立熟练进行超氧化物歧化酶的活性检测。

（三）素质目标

1. 积极参与超氧化物歧化酶的提取分离，在实验过程中养成严谨认真的工作态度，制作高质量的超氧化物歧化酶产品。

2. 在酶活性检测实验中，养成依法检测、规范操作、诚信报告的职业素养。

二、基本知识

（一）相关概念

超氧化物歧化酶（SOD）是一种广泛存在于好氧微生物和动植物中的金属酶，可催化超氧阴离子自由基发生歧化反应 $2 \cdot O_2^- + 2H^+ \rightarrow H_2O_2 + O_2$，生成氧和过氧化氢，由此生成的过氧化氢再经过氧化氢酶（CAT）或过氧化物酶（POD）的作用进一步分解为水。SOD 在维持生物体内超氧阴离子自由基产生与消除的动态平衡中起重要作用，从而减轻或消除自由基对机体的危害，具有免疫调节、消炎、美容等功能。在果汁、啤酒和罐头等食品中 SOD 可作为抗氧化剂，在护肤品中 SOD 是重要的添加剂，在防晒、抗衰、祛斑等方面有明显效果。

SOD 按其结合的金属离子可分为 Fe－SOD、Mn－SOD、Cu/Zn－SOD，来源不同，含 SOD 种类也不同，提取分离方法都有区别。动物细胞里存在 Mn－SOD、Cu/Zn－SOD，在肝脏、肾脏及红细胞中，Cu/Zn－SOD 含量较高。动物肝细胞线粒体中含 Mn－SOD。猪牛血、肝脏等是目前提取动物来源 SOD 的主要原料。植物的细胞质以及叶绿体和线粒体内外膜间存在 Cu/Zn－SOD，线粒体基质中含 Mn－SOD，只有少数叶绿体中含有 Fe－SOD。真核微生物的 SOD 含量一般高于原核生物，真菌里一般含有 Cu/Zn－SOD、Mn－SOD。微生物发酵法生产 SOD 不仅产量高、生产周期短、能大规模生产，而且不受季节、气候和地域的限制，发展迅速。

（二）超氧化物歧化酶的提取分离方法

SOD 的制备过程主要包括原料破碎→提取分离→纯化→干燥→检测→产品。SOD 提取分离、纯化方法包括溶剂提取法、超声波破碎法、热变性法、有机溶剂分级沉淀法、盐析法、透析、膜分离、柱层析等。

1. 磷酸缓冲液浸提法　SOD易溶于水，根据“相似相溶”原理，可用水来浸提SOD，但磷酸缓冲液可提高浸提效能，增加制品的稳定性，减少杂质，因此实际操作中常用pH7.8的磷酸缓冲液代替水来提取SOD，得到粗提取液。这是目前常用的一种粗提取方法。

2. 超声波破碎法　是一种辅助浸提技术。超声波的“空化作用”产生极大的压力造成被破碎物细胞壁或整个细胞的破碎，而且整个破碎过程在瞬间完成。超声波产生的振动作用增加了溶剂的湍流强度及相接触面积，加快了细胞内物质的释放、扩散和溶解，从而强化了传质，有利于细胞内有效成分的提取。超声波破碎辅助浸提时，影响浸提效果的主要因素包括超声波功率、超声时间、超声次数、时间间隔等。

3. 热变性法　是工业上常用的分离SOD的一种初步纯化方法，是利用SOD的热稳定性，温度低于60℃时，短时间的热处理不会使酶活力有明显的变化，而一般的杂蛋白却在温度高于55℃时易变性沉淀而分离。在提取过程中，热变性可通过单独提取、辅助提取或纯化等多种途径达到目的。

4. 有机溶剂分级沉淀法

（1）丙酮沉淀法　利用在蛋白质溶液中加入弱极性的有机溶剂，改变溶液的介电常数，使不同种类蛋白质的溶解度产生不同程度降低的原理来进行蛋白质的纯化。在粗酶液中加入适量丙酮，可使SOD及其杂蛋白的溶解度发生变化，依次从溶液中沉淀下来。丙酮的加入量与搅拌时间会影响提取出的SOD的酶活性和提取效果。研究表明，当丙酮加入量与粗酶液体积比为1∶1时，SOD比活力最高，再加入丙酮将导致SOD活力急剧下降，因此当以去除杂蛋白为目的时，丙酮的加入量与粗酶液体积比不应超过1∶1，搅拌时间以15分钟为宜。

（2）三氯甲烷－乙醇沉淀法　SOD溶解于三氯甲烷－乙醇混合萃取液中，其他杂蛋白沉淀出来，分离得到提取液。一般用于SOD的粗提取。三氯甲烷－乙醇混合液的加入量和搅拌时间会影响SOD提取效果。Cu/Zn－SOD对三氯甲烷－乙醇的作用不敏感，处理12小时，活性没有明显的变化。Mn－SOD的活性受三氯甲烷－丙酮混合液影响。因此，若所要提取的酶是Mn－SOD，不宜用三氯甲烷－乙醇进行沉淀。

5. 硫酸铵分级盐析法　盐析法是利用在高浓度的电解质溶液中，蛋白质分子表面的水化层被破坏，使蛋白质分子中的憎水区域裸露而导致蛋白质分子聚集沉淀来进行分离的。因硫酸铵溶解度大、价格便宜，且能使蛋白质的性质保持稳定，是最常用的盐析剂。在SOD提取实验中，硫酸铵分级盐析法多用于纯化。不同种类SOD的溶解度不同，因此需要不同浓度的硫酸铵去沉淀。

（三）超氧化物歧化酶活性检测方法

测定SOD酶活性的方法包括肾上腺素自氧化法、黄嘌呤氧化酶－NBT（氮蓝四唑）还原法、邻苯三酚自氧化法、化学发光法等。由于测定方法不同，活性的计量标准也不同，一般测定结果差别较大。

1. 肾上腺素自氧化法　在碱性条件下，在痕量金属离子的诱发性下，肾上腺素自氧化生成超氧阴离子自由基（$\cdot O_2^-$），肾上腺素经多步转化为肾上腺素红，其在480nm有吸收峰。超氧化物歧化酶是以超氧阴离子（$\cdot O_2^-$）为底物的一种金属酶，在该酶存在时，会使$\cdot O_2^-$朝歧化方向进行，从而阻断了肾上腺素红的生成，使吸收变弱，且减弱程度与SOD的活性有关，据此可对SOD的活性进行测定。以SOD抑制肾上腺素自氧化的50%所需的酶量定义为一个酶活力单位。该过程可简单表示如下。

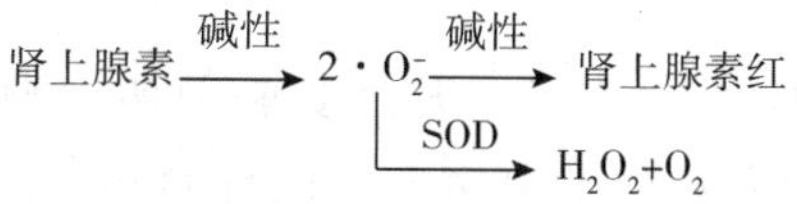

2. 黄嘌呤氧化酶 – NBT 还原法 依据超氧化物歧化酶抑制氮蓝四唑（NBT）的还原作用来确定酶活性大小。在有氧条件下，黄嘌呤氧化酶在催化黄嘌呤反应过程中产生 $\cdot O_2^-$。$\cdot O_2^-$ 可与氮蓝四唑（NBT）进一步作用，将 NBT 还原为蓝色的甲臜（NBT – formazan），后者在 560nm 处有最大吸收。而 SOD 能清除 $\cdot O_2^-$，从而抑制了甲臜的形成。反应液蓝色越深，说明 SOD 酶活性越低，反之酶活性越高。据此通过比色法可以计算出 SOD 酶活性大小。以 SOD 抑制 NBT 还原的 50% 所需的酶量定义为一个酶活力单位。该过程可简单表示如下。

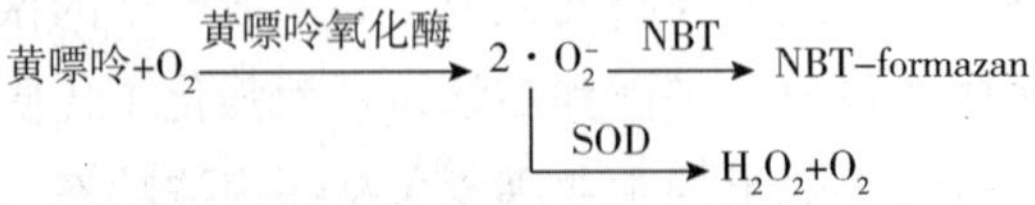

3. 邻苯三酚自氧化法 《超氧化物歧化酶活性检测方法》（GB/T 41906—2022）和《超氧化物歧化酶活性检测方法》（GB/T 5009. 171—2003）中均推荐采用此方法测定 SOD 酶活性。邻苯三酚在酸性条件下稳定，在弱碱性条件下会发生自氧化反应，通常一分子氧完全被还原时需要 4 个电子生成 $2O^{2-}$ 才能进一步生成水。而邻苯三酚自氧化时只接受了一个电子，生成超氧阴离子自由基（$\cdot O_2^-$），并且在其自氧化过程中以一定的速率产生有色的中间产物，其在 325nm 有最大吸收。SOD 可将 $\cdot O_2^-$ 歧化分解为 H_2O_2 和 O_2，从而抑制邻苯三酚的自氧化速度。据此根据 SOD 分解 O_2 的能力间接推算酶活性大小。以 25℃时 1ml 反应液中每分钟抑制邻苯三酚自氧化 50% 时所需的 SOD 量定义为一个酶活力单位。该过程可简单表示如下。

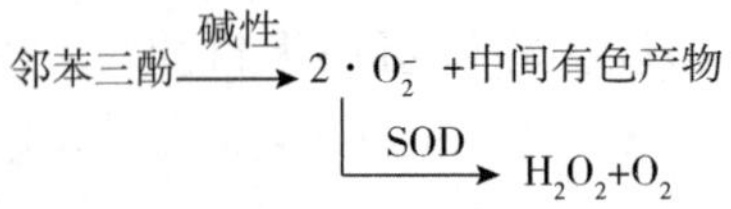

4. 化学发光法 《保健食品中超氧化物歧化酶（SOD）活性的测定》（GB/T 5009. 171—2003）方法二中采用化学发光法测定超氧化物歧化酶活性。SOD 能催化超氧阴离子自由基发生歧化反应 $2 \cdot O_2^- + 2H^+ \rightarrow H_2O_2 + O_2$，生成氧和过氧化氢。在有氧条件下，黄嘌呤氧化酶可催化黄嘌呤（或次黄嘌呤）氧化转变为尿酸，在该反应过程中同时产生 $\cdot O_2^-$。$\cdot O_2^-$ 可与鲁米诺（3 – 氨基邻苯二甲酰肼）进一步作用，使发光剂鲁米诺被激发，当其重新回到基态时，则向外发光。由于 SOD 可消除 $\cdot O_2^-$，所以能抑制鲁米诺的发光。通过该反应过程，以空白的发光强度值为 10%，通过加入 SOD 后抑制发光的程度进行 SOD 活性的测定。该过程可简单表示如下。

三、实践训练

本实验采用磷酸缓冲液提取大蒜中的 SOD，利用有机溶剂分级沉淀法和热变性法纯化 SOD，并利用邻苯三酚自氧化法测定 SOD 酶活性。

（一）任务分组

以小组为单位进行，建议每个小组 2 ~ 3 人，开始实验前初步确定每位同学在组内的具体分工。学生以小组为单位按照大蒜超氧化物歧化酶提取分离和酶活性检测方法要求进行实验操作。

小组成员		任务分工
姓名	学号	

（二）实验材料与试剂

大蒜、0.05mol/L pH7.8 的磷酸缓冲液、三氯甲烷－乙醇混合溶液（3∶5，体积比）、丙酮、盐酸、邻苯三酚、乙二胺四乙酸二钠、三羟甲基氨基甲烷（Tris）、纯化水等。

（三）实验仪器与设备

离心机、恒温水浴锅、研钵、试管、紫外－可见分光光度计、酸度计、电子分析天平等。

（四）实验过程

1. 大蒜超氧化物歧化酶提取与纯化　采用磷酸缓冲液提取大蒜中的SOD，利用有机溶剂（三氯甲烷－乙醇、丙酮）分级沉淀法和热变性法纯化SOD。

（1）大蒜破碎　称取5g左右的大蒜蒜瓣，置于研钵中，使组织破碎。

（2）SOD提取　在破碎的大蒜中加入其2～3倍体积的0.05mol/L pH7.8的磷酸缓冲液，继续研磨搅拌20分钟，使SOD充分溶解到缓冲溶液中，然后用离心机在4000r/min离心15分钟，弃去沉淀，得到SOD提取液，记录体积V_1。

（3）SOD粗酶液　提取液中加入其2.5倍体积的三氯甲烷－乙醇混合液（3∶5，体积比）搅拌15分钟后，然后用离心机在4000r/min离心10分钟，弃去杂蛋白沉淀，得SOD粗酶液，记录体积V_2。

（4）SOD纯化分离　加入粗酶液等体积的预冷丙酮，搅拌15分钟，然后用离心机在4000r/min离心10分钟，弃去上清液，得SOD沉淀。将SOD沉淀溶于0.05mol/L pH7.8的磷酸缓冲液中，于55～60℃热处理15分钟，然后用离心机在4000r/min离心10分钟，进一步去除杂蛋白沉淀，得SOD酶液，记录体积V_3。

2. SOD酶活性测定　本实验采用GB/T 41906—2022邻苯三酚自氧化法测定SOD酶活性。

（1）溶液的配制

1）A液（0.1mol/L盐酸溶液）　量取盐酸4.166ml，加水定容至500ml。

2）B液（50mmol/L Tris－HCl缓冲液（内含1mmol/L乙二胺四乙酸二钠），pH8.20）　称取6.057g Tris和372.24mg乙二胺四乙酸二钠溶于500ml水中，搅拌溶解后加入A液229ml，调pH至8.20，加水定容至1000ml。

3）C液（10mmol/L盐酸溶液）　量取A液100ml，加水定容至1000ml。

4）D液（45mmol/L邻苯三酚盐酸溶液）　称取邻苯三酚567.5mg溶于适量C液中并定容至100ml。

（2）邻苯三酚自氧化速率测定

1）取若干试管，每管加入B液4.5ml，置于25℃恒温水浴锅内保温30分钟。

2）在光径为1cm的石英比色杯中倒入适量的C液，在波长325nm校零。

3）取出一个已保温的试管，加入9μl的D液后立即混匀，然后倒入石英比色皿中，在325nm处重复测定10次吸光度值，每次测定间隔时间30秒。

4）弃去第一次测定的吸光度值，将每一个吸光度值减去其前面间隔1分钟的吸光度值即得到一个

自氧化速率值 A，将得到的 7 个自氧化速率值取平均值，即为该 D 液加样量下邻苯三酚的自氧化速率 A（ΔA/min），计算公式如下。

$$A=\frac{\sum_{i=4}^{n}(A_i-A_{i-2})}{7}$$

式中，A 为邻苯三酚自氧化速率（吸光度差值每分钟，ΔA/min）；A_i为第 i（i=4、5、6、7、8、9、10）次测定的吸光度值；A_{i-2}为第（$i-2$）（i=4、5、6、7、8、9、10）次测定的吸光度值。

5）根据测定结果调整 D 液加样量并重复测定，使自氧化速率 A（ΔA/min）在 0.068～0.072。

（3）SOD 样品液抑制邻苯三酚自氧化速率测定

1）取出一支已保温的试管，用微量进样器吸取适量的样品溶液加入试管中，摇匀。

2）吸取调整后体积的 D 液加入试管中，立即摇匀并倒入石英比色皿中，在 325nm 波长处重复测定 10 次吸光度值，每次测定时间间隔 30 秒。

3）弃去第一次测定的吸光度值，将每一个吸光度值减去其前面间隔 1 分钟的吸光度值即得到一个自氧化速率值 A'，将得到的 7 个样品溶液抑制邻苯三酚自氧化速率值取平均值，即可计算出样品溶液抑制邻苯三酚自氧化速率 A'（ΔA/min），计算公式如下。

$$A'=\frac{\sum_{i=4}^{n}(A'_i-A'_{i-2})}{7}$$

式中，A'为样品溶液抑制邻苯三酚自氧化速率（吸光度差值每分钟，ΔA/min）；A'_i为加入样品溶液后第 i（i=4、5、6、7、8、9、10）次测定的吸光度值；A'_{i-2}为加入样品溶液后第（$i-2$）（i=4、5、6、7、8、9、10）次测定的吸光度值。

4）根据测定结果调整样品溶液的加样量或稀释倍数，并重复测定，使样品溶液抑制邻苯三酚自氧化速率 A'（ΔA/min）在 0.033～0.037。

（五）实验结果

1. 原始数据表 邻苯三酚自氧化法测定 SOD 酶活性原始数据如表 5－1 所示。

表 5－1 原始数据表

	10 次测定吸光度									
	1	2	3	4	5	6	7	8	9	10
邻苯三酚自氧化										
样品溶液抑制邻苯三酚自氧化										
	自氧化速率									
邻苯三酚自氧化	A_i	A_4	A_5	A_6	A_7	A_8	A_9	A_{10}	A	
	A_{i-2}	A_2	A_3	A_4	A_5	A_6	A_7	A_8		
样品溶液抑制邻苯三酚自氧化	A'_i	A'_4	A'_5	A'_6	A'_7	A'_8	A'_9	A'_{10}	A'	
	A'_{i-2}	A'_2	A'_3	A'_4	A'_5	A'_6	A'_7	A'_8		

2. SOD 酶活性计算 样品中超氧化物歧化酶的酶活性按下式计算。

$$SOD_U=\frac{\frac{A-A'}{A}\times100\%}{50\%}\times4.5\times\frac{N}{V}$$

式中，SOD_U为超氧化物歧化酶活性，U/ml；A 为邻苯三酚自氧化速率，ΔA/min；A'为样品溶液抑制邻苯三酚自氧化速率，ΔA/min；4.5 为反应液总体积，ml；N 为样品溶液稀释倍数；V 为加入样品溶液体积，ml。

在重复性条件下，两次独立测定结果的绝对差值不得大于这两个测定值的算术平均值的 10%。

（六）注意事项

1. 研磨、离心要充分，每次离心操作都要配平衡，防止离心机损坏。
2. 本实验中使用的丙酮、三氯甲烷、乙醇等均为易燃溶剂，实验过程中注意安全，做好防护。
3. Tris 溶液可从空气中吸收二氧化碳，使用时注意将瓶盖严。

四、效果评价

项目	分值	评分标准	个人自评	小组互评	教师评价	各项得分
出勤纪律	10	能严格遵守实验纪律和安全规则，无任何违纪现象为满分				
操作技能	50	完全符合实验规定操作要求，能熟练进行 SOD 提取分离，能规范进行 SOD 酶活性检测为满分				
实验结果	15	能规范记录 SOD 提取分离和酶活性检测过程中的现象，正确计算 SOD 酶活性为满分				
实验态度	10	实验中态度端正，不怕累、不怕苦，实验中积极主动、与小组同学分工协作为满分				
实验报告	15	符合要求，内容充实，字迹工整，独立完成为满分				
		总分（各项得分的平均值）				

五、问题情境

大蒜 SOD 提取分离实验中，已知 SOD 提取液酶活力 A_1、体积 V_1，SOD 粗酶液酶活力 A_2、体积 V_2，SOD 酶液酶活力 A_3、体积 V_3。如何计算纯化回收率？

参考答案

六、总结反馈

实验反思	
实验过程中产生的问题，解决办法	
心得体会	

书网融合……

GB/T 41906—2022　　GB/T 5009. 171—2003

实验六　大豆异黄酮的提取分离

PPT

一、学习目标

（一）知识目标

1. 掌握大豆异黄酮的提取分离方法。
2. 熟悉大豆异黄酮提取分离的基本原理。
3. 了解大豆异黄酮的概念、分类及功能。

（二）能力目标

1. 能熟练应用浸提法提取大豆异黄酮。
2. 能熟练应用大孔吸附树脂柱色谱进行大豆异黄酮纯化。

（三）素质目标

1. 在小组合作进行大豆中异黄酮的提取分离实验过程中团结协作，合理分析和解决实验过程中出现的问题。

2. 积极参与大豆中异黄酮的提取分离实验过程，制作高质量的大豆异黄酮产品，在学习和实践中体验劳动的价值。

二、基本知识

（一）相关概念

1. 黄酮类化合物　泛指两个苯环通过 3 个碳原子相互连接而成的一系列化合物的总称，具有 $C_6-C_3-C_6$这 3 个环组成的基本骨架。根据母核中 C_3结构的氧化程度、2-位或 3-位的位置能否成环等可分为花青素、黄烷醇、查尔酮、黄烷酮、黄酮、异黄酮等亚类。

2. 大豆异黄酮　植物苯丙氨酸代谢过程中，由肉桂酰辅酶 A 侧链延长后环化形成以苯色酮环为基础的酚类化合物，其 3-苯基衍生物即为异黄酮，属植物次生代谢产物，是类黄酮属，以异黄酮葡萄糖苷和相应苷元形式存在。异黄酮是一种芳香族含氧杂环化合物，黄酮的异构体，精制的异黄酮呈片状或针状结晶。一般无色，但随着羟基的增加，可呈黄至深黄色，为广泛分布于高等植物的色素。大豆异黄酮则是大豆生长过程中形成的一种次生代谢产物，属于天然黄酮类物质，具有异黄酮类化合物的典型结构（C_6结构连接在 C_3环的 3-位上）。

大豆异黄酮在大豆的种皮、胚轴以及子叶中都有分布，胚轴含的异黄酮类的浓度为子叶的 30～60 倍，其量占总大豆异黄酮含量的 30%～50%。从大豆中提取的大豆异黄酮与雌激素具有相似的结构，可以应用于食品、药品的开发，对于防治癌症、骨质疏松、心脑血管疾病、妇女更年期综合征和调节机体免疫力、防止动脉粥样硬化、治疗肥胖症都具有明显疗效。

3. 大豆异黄酮的分类　大豆异黄酮包括三种游离型异黄酮苷元（为异黄酮总量的 2%～3%）以及 9 种结合型异黄酮糖苷（为异黄酮总量的 97%～98%）。其中，3 种游离型异黄酮苷元包括大豆苷元、染料木苷元和黄豆苷元；根据糖苷结构不同，9 种结合型异黄酮糖苷分为 3 种形式，即葡萄糖苷型（大豆黄素、黄豆苷、染料木素）、乙酰基葡萄糖苷（乙酰基大豆苷、乙酰基黄豆苷、乙酰基染料木苷）和丙二酰基葡萄糖苷（丙二酰基大豆苷、丙二酰基黄豆苷、丙二酰基染料木苷）。大豆异黄酮苷元具有多羟基结构，可发生还原反应，糖苷类的大豆异黄酮具有热不稳定性，丙二酰基和乙酰基在加热条件下会向葡萄糖苷形式异黄酮转化。

（二）大豆异黄酮的提取分离方法

大豆异黄酮的提取分离方法包括溶剂提取法、超声波辅助提取法、微波辅助提取法、酶解制备法、超临界流体萃取法等。

1. 溶剂提取法　大豆异黄酮是多羟基化合物，易溶于热水、乙醇、甲醇、丙酮、乙酸乙酯等溶剂，但由于甲醇、丙酮等溶剂毒性相对较大，基于操作安全、成本、毒性等因素，工业化生产中首选乙醇作为萃取剂。影响提取效率的主要因素包括温度、时间、溶剂浓度、料液比和原料细度等。

2. 超声波辅助提取法　在溶剂提取法的基础上利用超声波辅助提取可显著提高大豆异黄酮的提取效率。超声波在液体中产生空化气泡，空化气泡破裂时伴随着冲击波的爆发，振动击碎植物细胞壁，加快植物细胞内有效成分与溶剂的接触，提高浸提效率。超声波辅助提取法影响提取效率的因素包括提取溶剂、超声时间、提取温度、物料粉碎程度及料液比等。

3. 微波辅助提取法　微波产生的交变电磁场能使物料中极性分子相互碰撞和摩擦，增加细胞破碎程度，加速萃取，另外，微波具有内加热作用，使体系的受热均匀，促进胞内温度和溶剂温度迅速升高到溶剂沸点。

微波辅助提取大豆异黄酮时应主要考察提取溶剂、微波功率、提取时间及料液比对提取效率的影响，通过实验确定最佳提取条件。

4. 酶法提取法　β－葡萄糖苷酶、β－半乳糖苷酶和纤维素酶等酶类物质可作用于植物细胞间质与细胞壁，破坏细胞壁的致密结构，减小细胞间质和细胞壁等传质屏障对大豆异黄酮从胞内向提取溶剂扩散的阻力，从而提高大豆异黄酮提取效率。

酶法提取大豆异黄酮时应主要考查酶的种类、酶添加量、底物浓度、酶解温度、酶解时间、pH 等因素对提取效率的影响，可通过单因素和正交试验确定最佳提取工艺条件。

（三）大豆异黄酮的感官评价

采用感官检验法，称取 10g 样品散放在白色平盘中，在自然光下，用肉眼直接观察形态、色泽、杂质；嗅其气味、品尝其滋味。应符合表 6－1 要求。

表 6－1　大豆异黄酮感官评价

项目	指标
形态	呈粉末状，无结块现象
色泽	淡黄色或黄色
滋味与气味	具有该产品的特殊香气，入口味苦，无异味
杂质	无肉眼可见的杂质

（四）大豆异黄酮的含量测定

1. 分光光度法　以染料木素为标样，根据异黄酮类化合物在 250～270nm 紫外区有特征吸收，以其吸收的强弱定量测定。

2. 高效液相色谱法 样品经过乙腈－水溶液振荡提取，提取液经离心、浓缩后用甲醇溶液（体积分数80%）定容、过滤，经高效液相色谱分析（C_{18}柱分离），在260nm条件下测定，依据保留时间定性，用外标法定量。

三、实践训练

本实验采用超声波辅助溶剂提取法制备大豆异黄酮，分光光度法测定大豆异黄酮含量。

（一）任务分组

以小组为单位进行，建议每个小组2～3人，开始实验前初步确定每位同学在组内的具体分工。学生以小组为单位按照大豆异黄酮提取分离工艺要求进行实验操作。

小组成员		任务分工
姓名	学号	

（二）实验材料与试剂

大豆脱脂豆粕、染料木素标准品、纱布、正己烷（分析纯）、无水乙醇（分析纯）、盐酸、纯水。

（三）实验仪器与设备

电子天平、离心机、水浴锅、冷凝回流装置、真空旋转蒸发仪或者蒸馏装置、减压干燥箱或烘箱、紫外－可见分光光度计、具塞三角烧杯、圆底烧瓶、玻璃漏斗、50ml离心管、10ml容量瓶、滤纸、温度计（量程100℃）、白瓷盘、玻璃棒等。

（四）实验过程

1. 大豆中异黄酮的提取分离 大豆（脱脂豆粕）→浸取→过滤→蒸发浓缩→净化→纯化→精制→产品

（1）原料及预处理 对大豆进行粉碎，制取脱脂豆粕，使豆粕残油率<1%，干燥后粉碎备用；或购买脱脂豆粕为原料。

（2）浸取 大豆异黄酮易溶于乙醇，在生产过程中要除去的杂质是淀粉、油脂类物质等，本实验采用乙醇作浸取溶剂，超声辅助提取。取脱脂豆粕约10g，加入500ml 60%乙醇（料液比为1∶50），超声时间为30分钟，超声温度为50°C。超声结束后进行抽滤，滤渣再加500ml 80%乙醇，再次超声波提取30分钟，抽滤，合并两次滤液。

（3）过滤 过滤或离心方式得豆粕提取液。

（4）蒸发浓缩 旋转蒸发仪进行减压回收乙醇至滤液约10ml，加入10ml的蒸馏水继续蒸发浓缩至10ml。

（5）净化 主要目的是先除去其中的油脂、蜡质等杂质，再去除蛋白质。用适量正己烷对浓缩液进行萃取，除去其中的油脂、蜡质等杂质，弃去上层正己烷提取液；然后在除杂后的浓缩液中加入2mol/L HCl溶液，调节pH至4～5，析出蛋白质，5000r/min离心15分钟沉淀蛋白质，再取出上清液，用1mol/L NaOH溶液将pH调到中性，得到豆粕大豆异黄酮溶液。

（6）减压干燥 取豆粕大豆异黄酮溶液，放入已称重的试管或烧杯中，在真空干燥箱中80℃下真空干燥。干燥后，称重，计算产率。

2. 大豆中异黄酮提取率的测定

（1）标准曲线的制作　准确称取5mg染料木素标准品于50ml容量瓶中，以95%乙醇溶液定容成浓度为100μg/ml的标准储备液。再用标准储备液分别配制成浓度为1~10μg/ml的系列标准曲线。以95%乙醇溶液为空白对照，在259nm处测定吸光度。分别以染料木素含量（μg/ml）和吸光度为横、纵坐标，绘制标准曲线。

（2）提取率测定　取过滤后所得豆粕粗提液1ml于10ml容量瓶中，以95%乙醇溶液定容。再以95%乙醇溶液为空白对照，在259nm处测定吸光度，如含量太高，请用95%乙醇适量稀释，并按下式计算豆粕中大豆异黄酮的提取率。

$$\omega = \frac{c \times n \times V}{m \times 1000} \times 100\%$$

式中，ω 为大豆异黄酮提取率,%；c 为由标准曲线查出的测试液中大豆异黄酮的浓度，μg/ml；n 为稀释倍数；V 为提取液的体积，ml；m 为样品取样量，g。

（五）实验结果

大豆异黄酮提取分离实验结果如表6-2所示。

表6-2　大豆异黄酮提取分离实验结果

评价项目	结果	结论
感官评价		
大豆异黄酮重量		
大豆异黄酮提取率（%）		
大豆异黄酮产率（%）		

（六）注意事项

1. 超声辅助提取时间较长，会使水温升高，乙醇挥发，乙醇浓度发生变化，因此需在超声时进行加盖，防止挥发，同时往超声仪水中加入冰块降温调节温度。

2. 蒸发浓缩的步骤，其目的是用水置换乙醇，为净化作准备。如果出现溶液无法继续浓缩属于正常现象，说明乙醇溶液已置换结束，即可进入净化环节。

四、效果评价

项目	分值	评分标准	个人自评	小组互评	教师评价	各项得分
出勤纪律	10	能严格遵守实验纪律和安全规则，无任何违纪现象为满分				
操作技能	50	完全符合实验规定操作要求，能熟练应用超声辅助浸提法提取纯化大豆异黄酮，能熟练应用分光光度法测定异黄酮为满分				
实验结果	15	能规范记录和正确计算大豆异黄酮产率和感官评价，制备质量合格的产品为满分				
实验态度	10	实验中态度端正，不怕累、不怕苦，实验中积极主动、与小组同学分工协作为满分				
实验报告	15	符合要求，内容充实，字迹工整，独立完成为满分				
		总分（各项得分的平均值）				

五、问题情境

1. 大豆富含蛋白质，请思考使蛋白质析出去除的方法有哪些？
2. 超声波辅助提取法大豆异黄酮产率的影响因素有哪些？

参考答案

六、总结反馈

实验反思
实验过程中产生的问题，解决办法   心得体会

书网融合……

NY/T 1252—2006　　GB/T 23788—2009

第二部分
功能食品加工

实验七　维生素 C 泡腾颗粒的制备

PPT

一、学习目标

（一）知识目标

1. 掌握泡腾颗粒剂的制备方法与质量要求。
2. 熟悉泡腾颗粒剂制备的基本原理。
3. 了解颗粒剂的概念和种类。

（二）能力目标

1. 能熟练应用等量递增法和挤压制粒法制备泡腾颗粒剂。
2. 能熟练进行泡腾颗粒剂的质量评价。
3. 能准确分析配方中各成分的作用。

（三）素质目标

1. 在小组合作进行维生素 C 泡腾颗粒制备实验过程中乐于与他人合作。
2. 积极参与维生素 C 泡腾颗粒制备实验，制作高质量的泡腾颗粒剂产品。

二、基本知识

（一）颗粒剂相关概念

1. 颗粒剂　是将原料与适宜辅料混合而制成的具有一定粒度的干燥颗粒状制剂。大于 1 号筛的粗粒和小于 5 号筛的细粒的总和不能超过供试量的 15%。

2. 颗粒剂的分类　根据在水中溶解情况可分为可溶性颗粒剂、混悬型颗粒剂和泡腾性颗粒剂。

（1）可溶性颗粒剂　是将可溶性功效成分或提取物与可溶性辅料制备而成的具有一定粒度的颗粒剂。可溶性颗粒剂绝大多数为水溶性颗粒，以开水冲开食用。个别品种为酒溶性颗粒剂，用酒溶化后服用。

（2）混悬型颗粒剂　是指难溶性功效成分或提取物与适宜辅料制成的一定粒度的颗粒剂。临用前加水或其他适宜的液体振摇分散成悬浮液，如植物甾醇颗粒。

（3）泡腾性颗粒剂　是指含有弱碱（碳酸氢钠、碳酸钠）和有机酸（酒石酸、柠檬酸），遇水可放出大量 CO_2气体而呈泡腾状的一种颗粒剂。泡腾颗粒剂具有速溶性，刺激味蕾，达到矫味作用。泡腾性颗粒剂在制备过程中要注意仪器设备保持干燥，保存过程中注意防潮，以免影响产品质量。泡腾性颗粒剂不可吞服，应溶解或分散于水中后食用。

3. 颗粒剂的辅料

填充剂	稀释剂	主要作用是增加重量和体积，便于成型和分剂量	淀粉、糊精、糖粉、乳糖、微晶纤维素（MCC）、预胶化淀粉
	吸收剂	主要作用是吸收配方中的液体	硫酸钙、药用碳酸钙

续表

润湿剂	是一类本身没有黏性的液体，其作用是湿润物料并诱发物料的黏性	纯化水、乙醇
黏合剂	是一类本身有黏性的固体或液体物质，其作用是增加物料的黏性	淀粉浆（10%）、糖粉和糖浆、胶浆聚维酮（PVP）、聚乙二醇（PEG）

（二）颗粒剂制备工艺概述

颗粒剂通常采用干法制粒、湿法制粒等方法制备。本实验重点学习湿法制粒工艺过程。湿法制粒法制备颗粒剂工艺流程如图7-1所示。

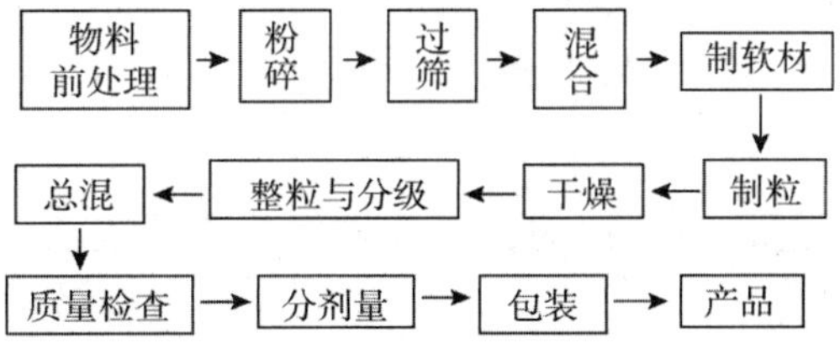

图7-1　湿法制粒法制备颗粒剂工艺流程简图

1. 软材制备　原料与辅料加入混合设备中，经适当搅拌将原辅料混合均匀后加入黏合剂或润湿剂搅拌，以“握之成团，触之即散”为宜。制软材是挤压制粒的关键，软材的质量直接影响颗粒的完整和硬度。

2. 制粒　制粒方法主要包括挤压制粒、高速搅拌制粒、沸腾流化制粒、喷雾制粒等。

（1）挤压制粒　也称为软材过筛制粒，是将配方中的原辅料混合均匀后加入黏合剂或润湿剂制成软材，然后将软材用强制挤压的方式通过具有一定大小的筛网而制粒的方法。生产中常用的挤压制粒设备为摇摆式挤压制粒机、螺旋挤压式制粒机、旋转挤压式制粒机等。

（2）高速搅拌制粒　是将原辅料和黏合剂加入一个容器中，靠高速旋转的搅拌器和切割刀的作用迅速完成混合、切割、滚圆并制成颗粒的方法。该方法在一个设备中完成混合、制软材和制粒过程。

（3）沸腾流化制粒　是利用气流将物料粉末悬浮在流化床中，呈流化状态，再喷入黏合剂，使粉末黏结聚集成颗粒并干燥成干颗粒，将常规湿法制粒的混合、制粒、干燥三个步骤在一个设备中一次性完成，也称“一步制粒法”。

（4）喷雾制粒　是指将原辅料与黏合剂混合，搅拌成固形物含量为50%~60%的均匀混悬液，再将混悬液通过高压喷嘴或高速旋转的离心盘雾化成细小的雾滴，雾滴与热空气接触，干燥后得到近似球形的细小颗粒。

3. 干燥　制得的湿颗粒应立即干燥，以免结块或受压变形。干燥温度由原料性质而定，一般为50~60℃；一些热稳定功效成分干燥温度可适当放宽到提高到70~80℃，甚至提高到80~100℃。

湿颗粒的干燥程度通过测定含水量来控制，通常颗粒剂要求含水量不得超过2%。常用的干燥设备有箱式（如烘箱、烘房）干燥、沸腾干燥、微波干燥等热干燥设备。

4. 整粒与分级　颗粒干燥后，可能发生粘连甚至结块的现象，需要重新过筛，为使颗粒大小均匀，需继续过筛分级。

5. 质量检查与分剂量　将制得的颗粒进行外观、含量检查与粒度检查等，按剂量分装。

6. 包装与贮存　颗粒剂的包装通常采用单剂量或多剂量复合塑料袋包装，不透湿、不透气、颗粒不易出现潮湿溶化的现象。除另有规定外，颗粒剂应密封干燥处保存，防止受潮。

（三）颗粒剂的质量评价

1. 感官评价　颗粒剂应干燥、颗粒均匀，色泽一致，无吸潮、软化、结块、潮解等现象。

2. 水中溶化性评价

（1）泡腾颗粒溶化性检查　取供试品3袋，将内容物分别加入200ml 15～25℃的温水中，应迅速产生气体而呈沸腾状，5分钟内颗粒应完全分散或溶解在水中，不得有异物。

（2）可溶性颗粒溶化性检查　取供试品10g（单剂量包装取1袋），加入200ml热水中，搅拌5分钟，立即观察，可溶性颗粒应全部溶化或轻微浑浊，不得有异物。

3. 粒度　按照粒度和粒度分布测定法中双筛分法测定，大于1号筛的粗粒和小于5号筛的细颗粒的总和不能超过样品总量的15%，粒度合格。

4. 水分　除另有规定外，水分不得超过8.0%。

5. 干燥失重　除另有规定外，于105℃干燥（含糖颗粒应在80℃减压干燥）至恒重，减失重量不得超过2.0%。

6. 装量、装量差异　多剂量包装的颗粒剂，应按最低装量检查法，检查装量；单剂量包装的颗粒剂应检查装量差异。

三、实践训练

本实验采用湿法制粒工艺制备维生素C泡腾颗粒，并对所制得的维生素C泡腾颗粒进行感官、溶化性、粒度等质量检查。

（一）任务分组

以小组为单位进行，建议每个小组2～3人，开始实验前初步确定每位同学在组内的具体分工。学生以小组为单位按照维生素C泡腾颗粒剂的制备工艺要求进行实验操作。

小组成员		任务分工
姓名	学号	

（二）实验材料与试剂

维生素C原料、蔗糖细粉、柠檬酸、碳酸氢钠、无水碳酸钠、淀粉、聚维酮、乙醇。

（三）实验仪器与设备

电子天平、电热烘箱、研钵、一号筛、五号筛、白瓷盘、烧杯、玻璃棒等。

（四）实验过程

1. 配方　维生素C泡腾颗粒的参考配方如表7-1所示。

表7-1　维生素C泡腾颗粒的参考配方

物料名称	添加量（g）	在配方中的作用
维生素C	1.0	
蔗糖细粉	60	
柠檬酸	28	
碳酸氢钠	8	
无水碳酸钠	2.5	
淀粉	1.0	
5%聚维酮乙醇溶液	适量	

2. 维生素 C 泡腾颗粒剂的制备

（1）粉碎、过筛　维生素 C、淀粉、柠檬酸、蔗糖细粉过 80 目筛，按配方量称样。

（2）混合均匀　由配方可知，原料和辅料之间比例相差悬殊，应采用“等量递增法”混合，操作流程如图 7－2 所示。

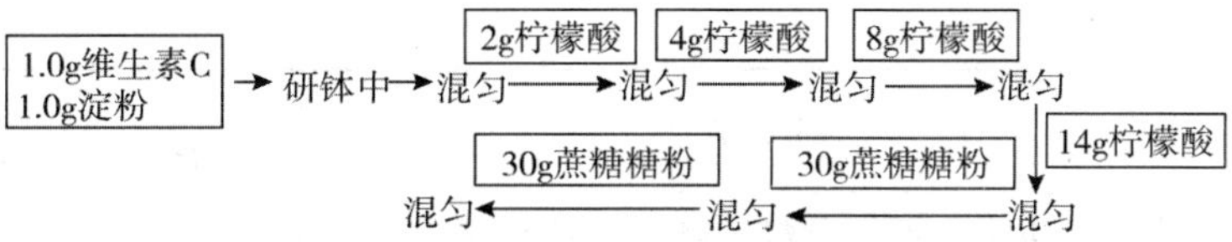

图 7－2　等量递增法混合操作过程

（3）制软材　边滴加 5% 聚维酮乙醇溶液边用玻璃棒搅拌制备软材，要求达到“紧握成团，轻按即散”。软材制备过程中，黏合剂滴加量是关键，应少量多次慢慢滴加，搅拌均匀后再滴加。

（4）挤压制粒　制好的软材用手紧握成团后挤压过 1 号筛制粒到白瓷盘中，摊平。

（5）干燥　将装有湿颗粒的白瓷盘放入 60 ~ 80℃ 电热烘箱中干燥，先干燥 15 分钟，再干燥 15 ~ 20 分钟。颗粒的干燥程度以颗粒中水分控制在 2% 以内为宜。

（6）整粒与分级　颗粒干燥后，可能发生粘连甚至结块的现象，通过一号筛（10 目）整粒，大颗粒磨碎，再通过五号筛（80 目）除去细小颗粒或细粉；或者用摇摆式颗粒机过筛使颗粒大小均匀。

（7）总混　加入配方量的碳酸氢钠、无水碳酸钠混合均匀。

（8）质量检查与分剂量　将制得的颗粒进行外观、含量检查与粒度检查等，按剂量分装。

（9）包装与贮存　采用多剂量的复合塑料袋包装，密封干燥处保存，防止受潮。

3. 维生素 C 泡腾颗粒剂的质量评价

（1）感官评价　观察并记录维生素 C 泡腾颗粒剂的外观、色泽是否均匀一致；是否有吸潮、软化、结块、潮解等现象。

（2）水中溶化性　取 10g 样品，加入 200ml 15 ~ 25℃ 的温水中，应迅速产生气体而呈沸腾状，5 分钟内颗粒应完全分散或溶解在水中，不得有异物。

（3）粒度范围　双筛分法，称取 20g 维生素 C 泡腾颗粒置于上层 1 号筛中，下层五号筛下配有密合的接收盘，保持水平状态过筛，左右往返，边筛动边拍打 3 分钟。取不能通过 1 号筛的粗粒和通过 5 号筛的细颗粒，称定质量，计算其占样品总量的比例。大于 1 号筛的粗粒和小于 5 号筛的细颗粒的总和不超过样品总量的 15%，粒度合格。

（五）实验结果

维生素 C 泡腾颗粒制备实验结果如表 7－2 所示。

表 7－2　维生素 C 泡腾颗粒制备实验结果

评价项目	结果	结论
感官评价		
水中溶化性评价		
粒度		
产品收率（%）		

（六）注意事项

1. 制备软材是关键，若软材含水量过低，可加入适度浓度的乙醇，若含水量过高，应复烘或调节辅料用量以符合要求。如软材太软，加蔗糖细粉：柠檬酸 =2：1，重新制软材。

2. 应准确控制干燥的温度。

3. 注意水分，全程不能用水，所有仪器和设备都应干燥。

四、效果评价

项目	分值	评分标准	个人自评	小组互评	教师评价	各项得分
出勤纪律	10	能严格遵守实验纪律和安全规则，无任何违纪现象为满分				
操作技能	50	完全符合实验规定操作要求，熟练应用等量递增法和挤压制粒法制备泡腾颗粒剂，熟练进行泡腾颗粒剂的质量评价为满分				
实验结果	15	符合泡腾颗粒剂的质量检查要求为满分				
实验态度	10	实验中态度端正，不怕累、不怕苦，实验中积极主动、与小组同学分工协作为满分				
实验报告	15	符合要求，内容充实，字迹工整，独立完成为满分				
		总分（各项得分的平均值）				

五、问题情境

1. 颗粒剂配方中如果含有挥发性成分，该如何处理？

2. 可溶性颗粒与泡腾颗粒水中溶化性评价方法有何不同？

参考答案

六、总结反馈

实验反思
实验过程中产生的问题，解决办法
心得体会

书网融合……

维生素 C 泡腾颗粒配方中各组分的作用分析

实验八　维生素 C 片的制备

PPT

一、学习目标

（一）知识目标

1. 掌握湿法制粒压片工艺流程及操作；片剂质量检查方法。
2. 熟悉压片机的构造和正确使用。
3. 了解片剂的概念和种类。

（二）能力目标

1. 能熟练应用湿法制粒工艺进行片剂的制备。
2. 能熟练进行片剂的常规质量评价。
3. 能准确分析配方中各成分的作用。

（三）素质目标

1. 在小组合作进行维生素 C 片制备实验过程中乐于与他人合作，实践探索。
2. 积极参与维生素 C 片制备与常规质量检查，制作高质量的片剂产品，培养质量意识，分析问题和解决问题的能力。

提示：本实验可作为综合性实验组织教学。

二、基本知识

（一）片剂相关概念

1. 片剂　功能食品片剂是指将功效成分或原料细粉或原料提取物与适宜的辅料混匀压制而成的圆片状或异形片状的固体剂型。

2. 片剂的分类　根据制备方法的不同，功能食品片剂主要包括普通片、咀嚼片、泡腾片、包衣片、含片等。

（1）普通片　是将功效成分与辅料直接混合，压制而成。一般是未包衣的片剂，以完整形式用水吞服。

（2）咀嚼片　是指在口腔中咀嚼或吮服使片剂溶化后吞服的片剂。咀嚼片要求口感、外观均应良好。咀嚼片制备过程中可按需加适宜的填充剂、黏合剂、芳香剂和着色剂，但不需要加入崩解剂。硬度小于普通片，不做崩解时限检查。

（3）泡腾片　是指含有弱碱（碳酸氢钠、碳酸钠）和有机酸（酒石酸、柠檬酸），遇水可放出大量 CO_2 气体而呈泡腾状的片剂。泡腾片制备中按需可加入矫味剂、芳香剂和着色剂。按崩解时限检查法检查，泡腾片应在 5 分钟内崩解。泡腾片不得直接吞服。

（4）包衣片　是指在片心（压制片）外包衣膜的片剂。通过包衣可增加片剂中功效成分的稳定性，掩盖功效成分的不良气味，改善片剂的外观，减少刺激性等。根据包衣膜不同，包衣片又可分为糖衣片、薄膜衣片、肠溶衣片等。

（5）含片　是指含于口腔中，功效成分缓慢溶解产生持久局部作用的片剂。含片的片重、直径和硬度均大于普通片。制备时按需可加入矫味剂、芳香剂和着色剂。含片按崩解时限检查法检查，30 分钟内应全部崩解。

3. 片剂的辅料

填充剂	稀释剂	主要作用是增加片剂重量和体积，便于成型和分剂量	淀粉、糊精、糖粉、乳糖、微晶纤维素（MCC）、预胶化淀粉
	吸收剂	主要作用是吸收配方中的液体	硫酸钙、药用碳酸钙
润湿剂		是一类本身没有黏性的液体，其作用是湿润物料并诱发物料的黏性	纯化水、乙醇
黏合剂		是一类本身有黏性的固体或液体物质，其作用是增加物料的黏性	淀粉浆（10%）、糖粉和糖浆、胶浆聚维酮（PVP）、聚乙二醇（PEG）
崩解剂		是指促进片剂在体内润湿、崩解的物料	干淀粉、羧甲基淀粉钠、低取代羟丙基纤维素、羧甲基纤维素钙、交联羧甲基纤维素钠、交联聚维酮等
润滑剂		广义的润滑剂包括三种辅料：助流剂、抗黏着剂和润滑剂。降低颗粒间或粉末间摩擦力，增加颗粒流动性的称为助流剂；降低片剂与冲模间摩擦力的称为润滑剂；减轻物料对冲模黏附性的称为抗黏着剂。	硬脂酸镁、氢化植物油、滑石粉、微粉硅胶、聚乙二醇4000、聚乙二醇6000等

（二）片剂的制备工艺概述

片剂通常采用湿法制粒压片、干法制粒压片和粉末直接压片。干法制粒压片和粉末直接压片可避免引入水分，适合对湿热不稳定的功效成分片剂制备。本实验重点学习湿法制粒压片工艺过程，工艺流程如下。

物料前处理→粉碎→过筛→混合→制软材→制湿粒→干燥→整粒→总混→压片→质量检查→包装→产品

1. 软材制备　原料与辅料加入混合设备中，经适当搅拌将原辅料混合均匀后加入黏合剂或润湿剂搅拌，以“握之成团，触之即散”为宜。制软材是挤压制粒的关键，软材的质量直接影响颗粒的完整和硬度。

2. 制粒　制粒方法主要包括挤压制粒、高速搅拌制粒、沸腾流化制粒、喷雾制粒等。

（1）挤压制粒　也称为软材过筛制粒，是将配方中的原辅料混合均匀后加入黏合剂或润湿剂制成软材，然后将软材用强制挤压的方式通过具有一定大小的筛网而制粒的方法。生产中常用的挤压制粒设备为摇摆式挤压制粒机、螺旋挤压式制粒机、旋转挤压式制粒机等。

（2）高速搅拌制粒　是将原辅料和黏合剂加入一个容器中，靠高速旋转的搅拌器和切割刀的作用迅速完成混合、切割、滚圆并制成颗粒的方法。该方法在一个设备中完成混合、制软材和制粒过程。

（3）沸腾流化制粒　是利用气流将物料粉末悬浮在流化床中，呈流化状态，再喷入黏合剂，使粉末黏结聚集成颗粒并干燥成干颗粒，将常规湿法制粒的混合、制粒、干燥三个步骤在一个设备中一次性完成，也称“一步制粒法”。

（4）喷雾制粒　是指将原辅料与黏合剂混合，搅拌成固形物含量为50%~60%的均匀混悬液，再将混悬液通过高压喷嘴或高速旋转的离心盘雾化成细小的雾滴，雾滴与热空气接触，干燥后得到近似球形的细小颗粒。

3. 干燥　制得的湿颗粒应立即干燥，以免结块或受压变形。干燥温度由原料性质而定，一般为50～60℃；一些热稳定功效成分干燥温度可适当放宽到提高到70～80℃，甚至提高到80～100℃。

湿颗粒的干燥程度通过测定含水量来控制。片剂颗粒根据具体产品不同而适当保留水分，防止片剂在贮存期间发霉、变质，一般为3%左右。常用的干燥方法有箱式（如烘箱、烘房）干燥、沸腾干燥、微波干燥等。

4. 整粒与总混　由于湿颗粒干燥过程中受到挤压和黏结等因素影响，可使部分颗粒结块，所以在压片前必须过筛整粒，使颗粒大小一致，以利于压片。整粒时筛网一般为12～20目。

整粒后的颗粒加入崩解剂、润滑剂，不耐热成分及挥发油等也在总混时加入。

5. 压片　压片前需先计算片重，然后选择适宜冲模安装于压片机中进行压片。

（1）按功效成分含量计算片重

片重＝每片含功效成分（标示量）/颗粒中功效成分的百分含量（实测值）

（2）按干颗粒总重计算片重

片重＝（干颗粒重量＋压片前加入辅料量）/预定的应压片数

6. 质量检查　将制得的片剂进行外观、含量测定、片重差异、硬度、崩解时限、脆碎度检查等。

7. 包装与贮存　适宜的包装与贮存是保证片剂质量的重要措施。片剂的包装不仅要美观、使用方便，更应该注意防潮、避光、密封和卫生等条件。片剂的包装通常采用多剂量的复合塑料瓶包装，或单剂量泡罩式包装和窄条式包装。

片剂应置于干燥通风、阴凉处保存，防止受潮、发霉、变质。

（三）片剂的常规质量检查

1. 片剂外观　合格的片剂应片形一致，表面完整光洁，色泽均匀，无肉眼可见异物。

2. 片重差异　按《中国药典》（2020年版）片重差异限度检查法检测，应符合片重差异限度要求。

3. 硬度测定　片剂硬度是指破碎程度，常用片剂硬度仪测定。在生产中经常将片剂置于示指与中指之间，用拇指加压使拆断来估计片剂的硬度。片剂应有适宜的硬度和耐磨性，以免包装、运输过程中发生磨损或破碎。

4. 崩解时限检查　崩解时限是指片剂在规定的条件下全部崩解溶散或成碎粒，并全部通过筛网所需的时间，通常采用崩解仪吊篮法测定。按《中国药典》（2020年版）崩解时限检查法，各类片剂崩解时限要求如下。

（1）普通片　15分钟，含片30分钟。

（2）泡腾片　5分钟（200ml、15～25℃）。

（3）糖衣片　1小时。

（4）薄膜衣片　30分钟［在盐酸溶液（9→1000）中］。

（5）肠溶衣片　先在盐酸溶液（9→1000）中检查2小时，每片不得有裂缝、崩解或软化现象；将吊篮取出，用少量水洗涤后，每管各加入挡板一块，在磷酸缓冲液（pH6.8）中进行检查，1小时内应全部崩解。

5. 脆碎度检查　脆碎度指片剂磨损或破碎程度，按《中国药典》（2020年版）脆碎度检查法，采用片剂脆碎仪测定，减失重量不得超过1%，且不得检出断裂、龟裂及粉碎的片。

三、实践训练

本实验采用湿法制粒压片法制备维生素C片，并对所制得的维生素C片进行外观、片重差异、硬度、脆碎度、崩解时限等常规质量检查。

（一）任务分组

以小组为单位进行，建议每个小组2~3人，开始实验前初步确定每位同学在组内的具体分工。学生以小组为单位按照维生素C片的制备和质量评价要求进行实验操作。

小组成员		任务分工
姓名	学号	

（二）实验材料与试剂

维生素C原料、糊精、淀粉、酒石酸、硬脂酸镁、50%乙醇等。

（三）实验仪器与设备

压片机、电子天平、电热烘箱、研钵、一号筛、二号筛、白瓷盘、烧杯、玻璃棒等。

（四）实验过程

1. 配方 维生素C片参考配方如表8-1所示。

表8-1 维生素C片参考配方表

物料名称	添加量（g）	在配方中的作用
维生素C	21	
糊精	21	
糖粉	17	
酒石酸	0.21	
硬脂酸镁	0.18	
50%乙醇溶液	适量	

2. 维生素C片的制备

（1）粉碎、过筛、混合均匀 维生素C、糊精、酒石酸过80目筛，按配方量称样、混合均匀。

（2）制软材 边滴加50%乙醇溶液边用玻璃棒搅拌制备软材，要求达到“紧握成团，轻按即散”。软材制备过程中，润湿剂滴加量是关键，应少量多次慢慢滴加，搅拌均匀后再滴加。

（3）挤压制粒 制好的软材挤压过1号筛制湿粒到白瓷盘中，摊平。

（4）干燥 将装有湿颗粒的白瓷瓶放入50℃电热烘箱中干燥20~30分钟。颗粒的干燥程度以颗粒中水分控制在3%以内为宜。

（5）整粒 颗粒干燥后，可能发生粘连甚至结块的现象，在压片前必须过筛整粒，使颗粒大小一致，以利于压片。过2号筛整粒。

（6）总混 整粒后的颗粒中加入配方量的硬脂酸镁混合均匀。

（7）压片 压片前需先计算片重，然后选择适宜冲模安装于压片机中进行压片。

（8）质量检查 将制得的片剂进行外观、含量测定、片重差异、硬度、崩解时限、脆碎度检查等。

（9）包装与贮存 片剂的包装采用多剂量的复合塑料瓶包装，置于干燥通风、阴凉处保存，防止受潮、发霉、变质。

3. 维生素 C 片的常规质量评价

（1）片剂外观　观察并记录维生素 C 片的外观、色泽。应片形一致，表面完整光洁，色泽均匀，无肉眼可见异物。

（2）脆碎度检查　按《中国药典》（2020 年版）脆碎度检查法，采用片剂脆碎仪测定，减失重量不得超过 1%，且不得检出断裂、龟裂及粉碎的片。具体测定方法详见“实验十五　片剂脆碎度检查”。

（3）崩解时限检查　按药典崩解时限检查法，采用崩解时限仪吊篮法测定。维生素 C 片为普通片，应在 15 分钟内全部崩解。具体测定方法详见“实验十六　崩解时限检查”。

（4）硬度测定　采用片剂硬度仪测定。具体测定方法详见“实验十七　片剂硬度测定”。

（5）片重差异　按《中国药典》（2020 年版）片重差异限度检查法检测，应符合片重差异限度要求。具体测定方法详见“实验十八　重量差异检查”。

（6）含量测定 具体方法详见“实验二十三　滴定分析法测定维生素 C 片中维生素 C 的含量。”

（五）实验结果

维生素 C 片常规质量评价实验结果如表 8－2 所示。

表 8－2　维生素 C 片质量评价实验结果

评价项目	结果	结论
外观		
片重差异		
硬度		
崩解时限		
脆碎度		
维生素 C 含量		

（六）注意事项

1. 压片和硬度测定时，注意安全，每次使用后应将仪器清洁干净。

2. 称量时应避免用手直接接触片剂，已取出的片剂不得再放回原包装容器中。

3. 崩解时限每测试一次后，应清洗吊篮的玻璃内壁及筛网、挡板等，并重新更换水或规定的介质。严禁在水箱不盛水的情况下开启加热开关。

四、效果评价

项目	分值	评分标准	个人自评	小组互评	教师评价	各项得分
出勤纪律	10	能严格遵守实验纪律和安全规则，无任何违纪现象为满分				
操作技能	50	能正确使用压片机，能熟练应用湿法制粒工艺进行片剂的制备，能熟练进行片剂的常规质量评价为满分				
实验结果	15	符合片剂的质量检查要求、制备质量合格的产品为满分				
实验态度	10	实验中态度端正，不怕累、不怕苦，实验中积极主动、与小组同学分工协作为满分				
实验报告	15	符合要求，内容充实，字迹工整，独立完成为满分				
		总分（各项得分的平均值）				

五、问题情境

参考答案

1. 实验室常用的压片机的种类有哪几种？各有什么特点？
2. 简述实验室常用单冲压片机结构和压片过程。
3. 片剂的制备方法有哪些？

六、总结反馈

实验反思
实验过程中产生的问题，解决办法 心得体会

书网融合……

维生素 C 片配方中
各组分的作用分析

实验九　喷雾干燥法制备维生素 E 粉

PPT

一、学习目标

（一）知识目标

1. 掌握维生素 E 粉的制备方法与质量要求。
2. 熟悉喷雾干燥法的基本原理及工艺流程。
3. 了解维生素 E 粉的性质及用途。

（二）能力目标

1. 能熟练应用喷雾干燥法制备维生素 E 粉。
2. 能熟练进行维生素 E 粉的质量评价。
3. 能分析热风温度、进料速度、物料含水量等因素对干燥效果的影响。

（三）素质目标

1. 在小组合作进行维生素 E 粉制备中学会团队合作，具有责任心。
2. 积极参与维生素 E 粉制备实验过程，制作高质量的维生素 E 粉产品，制作过程中主动思考，勇于创新。

二、基本知识

（一）相关概念

1. 维生素 E 粉　维生素 E 是一种脂溶性维生素，易溶于植物油、无水乙醇、丙酮、乙醚等，不溶于水，限制了其应用。维生素 E 粉就是通过微胶囊技术，将液态水不溶性的维生素 E 用水溶性壁材包埋后经喷雾干燥制备成的具有良好流动性和水溶性的维生素 E 微胶囊粉。维生素 E 粉是一种白色至淡黄色的有一定流动性的粉末，既保持了维生素 E 的固有属性，又能弥补其易氧化和不易溶于水溶性产品的缺点，可以作为食品营养强化剂应用于食品、保健食品等领域。

2. 芯材和壁材　微胶囊化时被包覆、保护或控制释放的物质称为芯材、囊芯；用来包裹、保护或控制释放芯材的成囊物质称为壁材或囊材。芯材与壁材的溶解性能必须是不同的，即水溶性芯材只能用油溶性壁材包覆，而油溶性芯材只能用水溶性壁材包覆。可作为芯材的功能性成分如维生素、氨基酸、多糖、SOD、油脂、类胡萝卜素等。微胶囊的壁材应无毒、性能稳定且不与芯材发生化学反应，具有一定强度、耐摩擦、耐挤压、耐热等。在食品中的壁材主要以碳水化合物、植物水溶性胶类和蛋白质为主，如淀粉、β－环糊精、明胶、阿拉伯胶等，或者是三类壁材以混合复配的形式应用。

（二）喷雾干燥法概述

1. 基本原理　喷雾干燥法是将微细化芯材稳定地乳化分散于包裹材料的溶液中形成乳化分散液，然后通过雾化装置将此乳化分散液在干燥的热气流中雾化成微细液滴，溶解壁材的溶剂受热迅速蒸发，从而使包裹在微细化芯材周围的壁材形成一层具有筛分作用的网状膜结构，分子较大的芯材被包留在形成的囊膜内，而壁材中的水或其他溶剂等小分子物质因热蒸发而透过“网孔”顺利移出，使膜进一步干燥固化，得到干燥的粉粒状微胶囊产品。

2. 喷雾干燥工艺流程

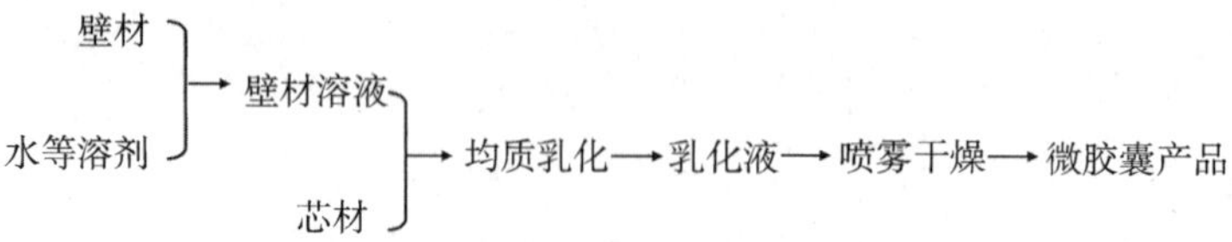

（1）壁材的选择　喷雾干燥法制备微胶囊的壁材，应具有高度的水溶性、优良的乳化性、良好的成膜性，易干燥、不易吸潮，且其浓溶液应具有低黏度特性。目前，常用的喷雾干燥法微胶囊壁材主要有阿拉伯胶、麦芽糊精、变性淀粉、明胶、糖浆和其他蛋白质等。阿拉伯胶是一种应用广泛、包埋效果优良的壁材，且具有高溶解性、低黏度、优良乳化性和成膜性、易干燥和不易吸潮等特性的天然植物胶。因此，一直是喷雾干燥微胶囊化的首选壁材，不足之处是其资源有限、成本较高。变性淀粉，如辛烯基琥珀酸淀粉钠，其具有优良的溶解性、乳化性、成膜性、干燥性、防潮性和一定的黏度，而且变性淀粉价格便宜，但不是天然的，其抗氧化性能不如阿拉伯胶。明胶具有乳化性、成膜性、易溶于水以及低黏度特性，且明胶价格低、来源广，适合工业化大生产使用。但明胶是来源动物的蛋白胶，受清真及宗教信仰的限制。麦芽糊精和糖浆的溶解性最好，黏度低、成本低，但乳化性和成膜性差，需与其他壁材配合使用。

（2）壁材和芯材的比例　是微胶囊制备的一个非常重要的因素。一般情况下，芯材/壁材比例越大，芯材的比例升高，形成的微胶囊壁就薄，囊壁的牢固性就降低，通透性升高，包埋效果下降。但在实际生产中，芯材/壁材的变化同时会影响到其他因素的变化，如会影响乳化液的黏度、固形物含量及雾化液滴干燥速度等。对于黏度大的壁材，可适当增加芯材/壁材比例降低乳化液黏度、提高固形物含量、加快雾化液滴干燥速度；而易氧化、易挥发、热敏性的芯材，适合降低芯材/壁材比例，增加乳化液黏度、提高包埋效果。

（3）固形物含量　是指喷雾干燥微胶囊化制备的料液中壁材和芯材的百分比例。制备过程中加水量对固形物含量的影响较大。一般加水量大，则固形物含量低。固形物含量对包埋率有一定的影响，一般固形物浓度达到40%以上可达到理想的包埋效果。温度对微胶囊化制备的料液的固形物含量也有影响，提高料液的温度可降低料液的黏度，使雾化容易。也可通过提高温度，增加固形物含量，提高包埋效果。

（4）均质乳化　能提高乳化液的稳定性，主要通过优化均质乳化的温度、压力和时间等。均质温度过低，不利于油脂液态化，且增加乳液黏度，不利于乳化；均质温度过高，会破坏油脂和亲油基团的亲和力，使均质乳液的稳定性降低，故一般均质温度控制在40～70℃范围内。乳化液的稳定性随均质压力的增加而提高，但当达到一定值后，稳定性随均质压力的增加变化不明显，且均质压力过大会导致乳化液破坏，稳定性降低，因此，一般均质压力可采用30～60MPa。增加均质次数或延长均质时间也可以提高乳化效果。

（5）喷雾干燥　主要包括料液雾化为雾滴、雾滴与热空气接触（混合和流动）、雾滴干燥（水分蒸发）、干燥产品与空气分离四个阶段。

料液雾化常用的雾化方式有气流式雾化、压力雾化和离心雾化。压力雾化使液体在高压下（1700～3500kPa）送入喷雾头内以旋转方式经喷雾孔向外喷成雾状，一般这种液滴颗粒大小为100～300μm；离心雾化使液体被泵入高速旋转的盘中（5000 ~ 20000r/min），在离心力的作用下经圆盘周围的孔眼外逸并被分散成雾状液滴，大小为 100 ~ 500μm；气流雾化就是在压力为 150 ~ 500kPa 的压缩空气经双流体喷头内环孔向外喷射时，同时将来自喷头中心孔的液体分散成雾状液滴。食品工业中主要采用压力雾化和离心雾化两种方式。喷雾干燥过程中物料以雾滴形式完成干燥，雾滴具有极大的表面积，有利于传热传质过程，水分在瞬间除去。雾滴大小与料液湿含量、黏度、流量、喷嘴技术参数等因素有关。

干燥室是雾滴与热空气接触的地方，热空气一般采用蒸汽加热。根据热空气与雾滴运动方向，雾滴与热空气的接触方式分为并（顺）流、逆流、混流式三种。并流式中，雾滴和热风呈同一方向流动，最热的干燥空气与水分最大的雾滴接触，因而水分迅速蒸发，从雾滴到干燥成品的整个历程中，物料温度不高，对热敏性物料的干燥有利，所获得的产品常为非球形的多孔颗粒。逆流式中，雾滴和热风呈反方向流动，在塔顶喷出的雾滴与塔底上来的较湿空气接触，水分蒸发速度比并流慢，适用于耐受高温、含水量低的非热敏性物料干燥。混流式中，雾滴与热风呈混合交错流动，雾滴运动轨迹长，适宜不易干燥的物料。

喷雾干燥过程中热风温度是影响喷雾干燥微胶囊化的重要因素，控制适宜的热风进出口温度是关键。进风温度体现干燥速度和干燥能力，同时又影响到产品的颗粒结构、热敏成分的稳定性等。进风温度过高或过低，都容易发生黏壁。温度过低蒸发能力不够，不能形成一定强度且具有良好致密性的囊壁；温度过高，蒸发快，膜容易产出裂纹和爆破，表面凹凸不光滑。出风温度实际表示喷雾干燥塔内的整体温度，是微胶囊颗粒在塔内停留所处的温度。出风温度高，有利于减少干燥时间，但出风温度过高，容易使微胶囊过热出现裂纹，降低产品质量。出风温度过低，容易产生黏壁或结块现象。进料速度影响出风温度，在恒定的进风温度下，出风温度由控制料液进料速度决定。在保证料液充分雾化的情况下，供料速度快则出风温度低，供料速度慢则出风温度高。根据实验研究和生产实践经验，进风温度一般控制在 150 ~ 220℃，出风温度控制在 70 ~ 120℃为宜。

干燥产品与热空气通过旋风分离器和布过滤器分离。干燥的粉末或颗粒落在干燥室的锥体四壁并由于自身重力滑落到锥底，从塔底收集，少量的细粉则随空气进入旋风分离器进一步分离。由于旋风分离器难以去除所有的细末，在某些情况下，增加布袋过滤器，空气在排出前通过布袋，细粉末被布袋捕获。

（三）微胶囊粉的质量评定标准

1. 包埋量　芯材与壁材的比例。芯材比例大，则生产效率高、成本低，但其他方面效果下降。

2. 包埋率　芯材真正被微胶囊化包埋的比例，包埋率越高越好。

3. 表面油率　附着在微胶囊表面的芯材所占比例，表面油率越低越好。

4. 产品色泽　好的产品应洁白，如果芯材具有深颜色，则产品具有芯材相应的颜色或色泽灰暗。如维生素 E 粉，经喷雾干燥法制备得到的产品为白色粉状。

5. 产品流动性　成品微胶囊粉末应具有较好的流动性，不易在物体表面黏附，一般通过粉体休止角进行评价，休止角反映粉体流动的难易程度，休止角越小则流动性越好。休止角是指在重力场中，粉体堆积层的自由表面处于平衡的极限状态时自由表面与水平面之间的角度。常用的测定方法有注入法、排出法、倾斜角法等。一般认为休止角（θ）≤30°时流动性好，休止角在 30° ~ 40°可以满足生产过程中流动性的需求。

6. 松密度和紧密度　松密度是指粉体质量除以该粉体所占容器的体积求得的密度，亦称堆密度。填充粉体时，经一定规律振动或轻敲后测得的密度称为紧密度，亦称振实密度。

三、实践训练

本实验采用喷雾干燥法制备维生素 E 粉，并对制得的维生素 E 粉进行质量评价。

（一）任务分组

以小组为单位进行，建议每个小组 2～3 人，开始实验前初步确定每位同学在组内的具体分工。学生以小组为单位按照喷雾干燥法制备维生素 E 粉的工艺要求进行实验操作。

小组成员		任务分工
姓名	学号	

（二）实验材料与试剂

维生素 E 油、辛烯基琥珀酸淀粉钠、水、二氧化硅。

（三）实验仪器与设备

电子天平、三口瓶、搅拌桨、烧杯、乳化剪切器、喷雾干燥机等。

（四）实验过程

1. 配方 维生素 E 粉参考配方如表 9－1 所示。

表 9－1 维生素 E 粉参考配方

物料名称	添加量（g）	在配方中的作用
维生素 E	52.0	
水	120.0	
辛烯基琥珀酸淀粉钠	47.0	
二氧化硅	1～2	

2. 维生素 E 粉的制备

（1）水相制备 称取配方量的辛烯基琥珀酸淀粉钠和水，在 70～80℃水浴搅拌 30 分钟。

（2）油相制备 称取配方量的维生素 E 油，70～80℃水浴搅拌 5 分钟。

（3）混合乳化 将水相溶液和油相溶液混合乳化剪切 2～3 分钟，制得维生素 E 乳液。

（4）喷雾干燥 将制备好的乳液进行喷雾干燥，进风口温度为 200℃，调整进料速度至恒定流速，使出风口温度在 80～100℃。

（5）加入助流剂 根据收粉量加入 1%～2% 的二氧化硅。

（6）过筛 用 2 号筛将制得的粉进行过筛，弃去 2 号上的粉，所得为维生素 E 粉的成品。

（7）包装与贮存 粉剂的包装通常采用单剂量的复合塑料袋包装，密封干燥处保存，防止受潮。

3. 维生素 E 粉的质量评价

（1）感官评价 观察并记录维生素 E 粉的组织状态、色泽、气味；用高放大倍数显微镜观察产品粒子表面形态。

（2）水中溶化性评价 取 2g 样品，加入 200ml 15～25℃的温水中，观察其溶解情况。

（3）粒度范围　双筛分法，大于 2 号筛的粗粒不能超过样品总量的 5%，能通过 6 号筛的细粉含量不少于 95%，粒度合格。

（4）松密度和紧密度　称取一定量的维生素 E 粉，将其从漏斗中散落至量筒中，读出体积，维生素 E 粉的质量除以体积为其松密度；将量筒中的粉进行振实，读出体积，计算出的密度为紧密度。

（5）维生素 E 含量　按“实验二十六”方法测定，测定结果大于等于标示量为合格。

（五）实验结果

维生素 E 粉质量评价实验结果如表 9－2 所示。

表 9－2　维生素 E 粉质量评价结果

评价项目	结果	结论
感官评价		
溶化性评价		
粒度范围		
松密度		
紧密度		
维生素 E 含量		
产品收率		

（六）注意事项

1. 喷雾干燥时注意乳液的进料速度，进料速度快，来不及喷雾干燥，容易造成液滴附着在壁上，因此，喷雾干燥时要控制好进料速度。

2. 喷雾干燥时尽快做好进料速度的调整，使出风温度在控制范围内，避免潮粉或黏壁现象、微胶囊“爆破”。

四、效果评价

项目	分值	评分标准	个人自评	小组互评	教师评价	各项得分
出勤纪律	10	能严格遵守实验纪律和安全规则，无任何违纪现象为满分				
操作技能	50	完全符合实验规定操作要求，熟练应用喷雾干燥法制备维生素 E 粉，熟练进行维生素 E 粉的质量评价为满分				
实验结果	15	能正确记录和规范计算实验结果，制备质量合格的维生素 E 粉为满分				
实验态度	10	实验中态度端正，不怕累、不怕苦，实验中积极主动、与小组同学分工协作为满分				
实验报告	15	符合要求，内容充实，字迹工整，独立完成为满分				
		总分（各项得分的平均值）				

五、问题情境

参考答案

1. 影响乳液制备效果的因素是什么？
2. 喷雾干燥过程中应注意哪些事项？
3. 离心喷雾干燥时，干燥室周围壁上出现潮粉，应从哪些方面找出原因，并采取什么措施解决？

六、总结反馈

实验反思
实验过程中产生的问题，解决办法   心得体会

书网融合……

维生素 E 粉配方中
各组分的作用分析

实验十　喷雾－流化床干燥法制备维生素 E 颗粒

PPT

一、学习目标

（一）知识目标

1. 掌握维生素 E 颗粒的制备方法与质量要求。
2. 熟悉喷雾－流化床干燥法的基本原理。
3. 了解流化床中使用的食用成膜材料。

（二）能力目标

1. 能熟练应用喷雾－流化床干燥法制备维生素 E 颗粒。
2. 能够熟练进行维生素 E 颗粒的质量评价。
3. 能准确分析配方中各成分的作用。

（三）素质目标

1. 通过小组合作进行维生素 E 颗粒制备，提高学生的操作能力及团队合作能力，增强学生的责任心。

2. 热爱干燥岗位，能够理论联系实际，学会具体问题具体分析。

二、基本知识

（一）喷雾－流化床干燥法基本原理

喷雾－流化床干燥法是将喷雾干燥和流化床干燥有机结合的一种颗粒制备方法。系通过离心式喷雾干燥塔或压力式喷雾干燥塔将乳液送入喷雾干燥室，同时料液送到装在喷雾干燥室的喷雾头，料液被雾化成极小的雾状液滴；在流化床设备中，将颗粒物料堆放在设备中的分布板上，当气体由设备下部经过分布板通入料层，随着气流速度加大到某种程度，颗粒物料在分布板上呈现沸腾状态，喷雾产生的液滴与沸腾状态下的颗粒物料混合，并不断被干燥，得到微球性颗粒（图 10－1）。

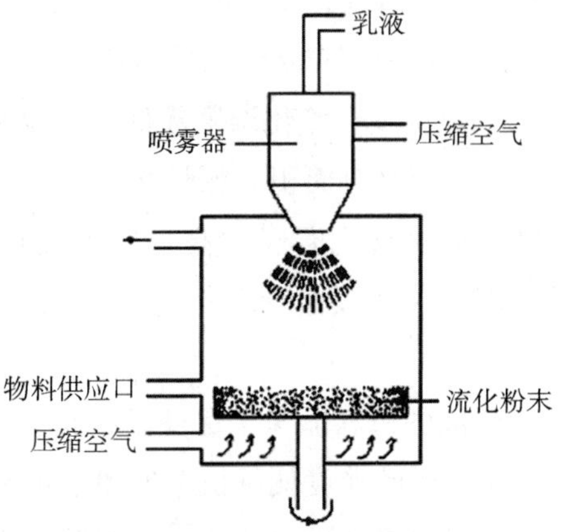

图 10－1　喷雾－流化床干燥法示意图

喷雾－流化床干燥法得到的微胶囊产品一般颗粒比较大，是在喷雾干燥法的基础上进行二次包埋。喷雾－流化床法制备维生素 E 颗粒，制备工艺前段和喷雾干燥法制备维生素 E 干粉（见实验九）基本相同，不同的是喷雾干燥时流化床中的成膜材料在热气流的作用下使微胶囊的维生素 E 粉粒悬浮或有规则快速运转，进行二次包埋，形成相对略大的颗粒状维生素 E 颗粒。从工艺流程方面看，喷雾－流化床干燥法主要在喷雾前进行流化床铺床，喷雾干燥后进行流化床干燥。流化床铺床就是将选用的物料平铺在流化床的多孔分布板上，铺床的厚度根据选用的成膜物料的不同略有不同，参考控制范围为3～10cm。

在流化床中使用的食用成膜材料有二氧化硅、滑石粉、淀粉、石膏粉、铝硅酸钠等。它们一般不溶于壁材，而是作为填料机械地嵌入壁壳中起到增强壁膜的作用，有时也有吸收溶剂加速液滴干燥的作用。

（二）喷雾－流化床干燥法制备颗粒工艺概述

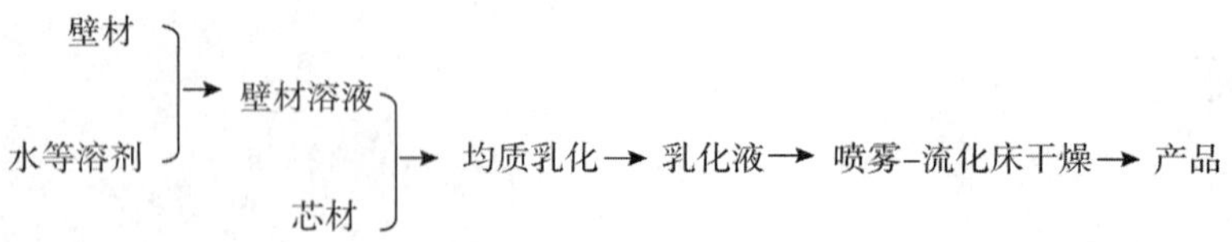

喷雾－流化床干燥法是喷雾干燥和流化床干燥的有效结合，工艺前段与喷雾干燥法（详见实验九）基本一致。本实验重点学习流化床干燥相关知识。

1. 流化床干燥技术 是流态化技术和传热传质技术的有效结合，干燥时将颗粒物料堆放在多孔的分布板上，热空气由多孔分布板的下部送入，其气流速度控制在大于固体颗粒的沉降速度而小于气流带出的速度之间。根据流化床气流速度，床层存在三种形态，分别是固定床、流化床和气流输送。干燥过程中流化床处于三个阶段，第一阶段是固定床，是流体速度较低时，在床层中固体颗粒虽与流体相接触，但固体颗粒的相应位置不发生变化，这时固体颗粒的状态为固定床；第二阶段是流化床，当固定床阶段的流体速度逐渐增加到某一点时，固体颗粒就会产生相互间的位置移动，若再增加流体速度，而床层的压力损失保持不变，固体颗粒在床层上产生不规则的运动，这时的床层就处于流态化；第三阶段是气流输送，当流体速度大于固体颗粒的沉降速度时，这时固体颗粒就不能继续停留在容器内，而是被气流带出。

2. 影响流化床干燥的因素 包括流化气流、流化温度、料液进料速度等。

（1）流化气流 流化气流的速度可以直接影响流化床当前的流化状态，如果气流速度较小，则流化床的温度就会过高，生产时容易出现“干式”失稳问题。反之，气流速度过大，则会增大对设备的磨损，降低流化床造粒及干燥的效果。

（2）流化温度 流化温度较低时，容易增加床内的湿度，生产时雾化液滴容易滴落在颗粒物表面，进而增大了固液接触面积。颗粒物与固液碰撞后凝聚在一起，提高颗粒的生长速度，容易造成黏结成块。反之，如果流化温度过高，则流化床的造粒及干燥能力提高，但是会降低流化床的造粒效率。这是因为雾化液在没落到颗粒物质上之前，就已经干燥，干燥后雾化液成为粉末，容易被流化气体带出。

（3）料液的进料流速 保证设备具有足够的温度，流化效果好的情况下，当料液的进料流速越大，流化床造粒干燥的速度就越快。但料液进料流速过快，又会造成来不及干燥，物料粘连，流化床湿粉黏床。因此，要求料液进料流速与气流及其干燥能力相适应。

3. 流化干燥质量的要点 在气固两相的流化床干燥中，流化干燥质量可以从以下几个方面考虑。

（1）床层压力波动一般在±3%以内，若压力波动超过±10%，则是不正常流化。

（2）床层温度分布均匀，温差一般在2℃以内。

（3）床层内不出现沟流或腾涌现象。

（4）流化速度适宜，防止细粉太多。

（5）湿颗粒不易黏结成团，否则会结块。

三、实践训练

本实验采用喷雾－流化床干燥技术制备水溶性维生素 E 颗粒，并对所制得的维生素 E 颗粒进行感官、溶化性、粒度、维生素 E 含量测定等质量检查。

（一）任务分组

以小组为单位进行，建议每个小组 2～3 人，开始实验前初步确定每位同学在组内的具体分工。学生以小组为单位按照维生素 E 颗粒的制备工艺和质量检查要求进行实验操作。

小组成员		任务分工
姓名	学号	

（二）实验材料与试剂

维生素 E、辛烯基琥珀酸淀粉钠、水、淀粉。

（三）实验仪器与设备

电子天平、1 号筛、5 号筛、三口瓶、搅拌桨、烧杯、乳化剪切器、喷雾－流化床干燥机等。

（四）实验过程

1. 配方　维生素 E 颗粒参考配方如表 10－1 所示。

表 10－1　维生素 E 颗粒参考配方

物料名称	添加量（g）	在配方中的作用
维生素 E	32.0	
辛烯基琥珀酸淀粉钠	48.0	
水	60.0	
淀粉	20.0	

2. 维生素 E 颗粒的制备

（1）水相制备　按配方量称取辛烯基琥珀酸淀粉钠和水，在 70～80℃水浴搅拌 30 分钟。

（2）油相制备　按配方量称取维生素 E 油，70～80℃水浴搅拌 5 分钟。

（3）混合乳化　将水相溶液和油相溶液混合乳化剪切 2～3 分钟制得乳液。

（4）铺床　将淀粉平铺在流化床底部，厚度一般控制在 3～5cm。

（5）喷雾－流化床干燥　将（3）中制备好的乳液进行喷雾－流化干燥。参数设置参考：雾化器的频率 30～40Hz（根据雾化器频率调整乳液的进料速度），喷塔进风温度 120～130℃，流化床干燥温度 140～150℃，流化床进风温度 60～70℃。

（6）过筛　双筛分法，用 1 和 5 号筛将制得的颗粒进行过筛，弃去 1 号上和 5 号下的粉，1 号和 5 号筛之间的颗粒即为维生素 E 颗粒成品。

（7）包装与贮存　包装通常采用单剂量的复合塑料袋包装，密封干燥处保存，防止受潮。

3. 维生素 E 颗粒质量评价

(1) 感官评价　观察并记录维生素 E 颗粒的外观、色泽是否均匀一致。应干燥，色泽一致，无吸湿、结块、潮解等现象。

(2) 水中溶化性评价　取 10g 样品，加入 200ml 热水中，搅拌 5 分钟，观察其溶解情况。应全部溶解，但不得有异物。

(3) 粒度　双筛分法，称取 20g 维生素 E 颗粒置于上层 1 号筛中，下层五号筛下配有密合的接收盘，保持水平状态过筛，左右往返，边筛动边拍打 3 分钟。取不能通过 1 号筛的粗粒和通过 5 号筛的细颗粒，称定质量，计算其占样品总量的比例。大于 1 号筛的粗粒和小于 5 号筛的细颗粒的总和不超过样品总量的 15%，粒度合格。

(4) 维生素 E 含量　按本书"实验二十六"的气相色谱内标法测定，测定结果大于等于标示量为合格。

（五）实验结果

维生素 E 颗粒质量评价结果如表 10-2 所示。

表 10-2　维生素 E 颗粒质量评价结果

评价项目	结果	结论
感官评价		
溶化性评价		
粒度范围		
维生素 E 含量		
产品收率		

（六）注意事项

1. 加水量是关键，若加水量大，则乳液稀，吸附的淀粉多，含量低；加水量少，则乳液黏度大，吸附淀粉少，含量高。因此要控制好加水量。

2. 流化床干燥铺床时应注意，铺粉量少，容易出现结块黏床。

四、效果评价

项目	分值	评分标准	个人自评	小组互评	教师评价	各项得分
出勤纪律	10	能严格遵守实验纪律和安全规则，无任何违纪现象为满分				
操作技能	50	完全符合实验规定操作要求，熟练应用喷雾-流化床干燥法制备维生素 E 颗粒，熟练进行维生素 E 颗粒质量评价为满分				
实验结果	15	能正确记录和规范计算实验结果，制备质量合格的维生素 E 颗粒为满分				
实验态度	10	实验中态度端正，不怕累、不怕苦，实验中积极主动、与小组同学分工协作为满分				
实验报告	15	符合要求，内容充实，字迹工整，独立完成为满分				
		总分（各项得分的平均值）				

五、问题情境

1. 影响淀粉吸附量的主要因素是什么？
2. 喷雾－流化干燥过程中应注意哪些事项？
3. 喷雾干燥法与喷雾－流化床干燥法制备的维生素 E 产品有何异同？

参考答案

六、总结反馈

实验反思
实验过程中产生的问题，解决办法
心得体会

书网融合……

维生素 E 颗粒配方中
各组分的作用分析

实验十一　复合功能果蔬汁饮料的制备

PPT

一、学习目标

（一）知识目标

1. 掌握复合功能果蔬汁饮料制备的全过程与质量评价。
2. 熟悉复合功能果蔬汁饮料制备的基本原理。
3. 了解复合功能果蔬汁饮料概念和常添加的功能成分。

（二）能力目标

1. 能够熟练进行复合功能果蔬汁饮料配方设计和调配。
2. 能够熟练进行复合功能果蔬汁饮料制备。
3. 能熟练进行复合功能果蔬汁饮料的质量评价。

（三）素质目标

1. 培养立足本职工作、爱岗敬业的精神；具有规范生产能力，树立为人民健康严把质量关的责任和意识。

2. 通过小组合作进行复合功能果蔬汁饮料的制备与质量评价，提高实践能力及团队合作能力，合法、合规生产和宣传食品安全意识。

3. 认真领会复合功能果蔬汁饮料的制作全过程，并能熟练应用，理论联系实际，学会具体问题具体分析。

提示：本实验可作为综合设计性实验组织教学。

二、基本知识

（一）概念

1. 复合果蔬汁饮料　根据《果蔬汁类及其饮料》（GB/T 31121—2014）的分类，复合果蔬汁饮料是指以不少于两种果汁（浆）、蔬菜汁（浆）、浓缩果汁（浆）、水为原料，添加或不添加其他食品原辅料和（或）食品添加剂，经加工制成的制品。

2. 复合功能果蔬汁饮料　是指在复合果蔬汁饮料中添加特定功效成分，经加工制成的具体调节机体功能，不以治疗为目的的饮料。可添加的功能活性成分包括多糖、功能性单糖、低聚糖及多元糖醇、功能性油脂、维生素类、益生菌类、矿物质类、黄酮类、牛磺酸、大蒜素、皂苷、类胡萝卜素类等。

（二）复合功能果蔬汁饮料的制备工艺

原料→榨汁→过滤→调配→均质→脱气→杀菌→灌装→封口→冷却→成品

1. 原料的选择与清洗　原料的选择有两种含义，一种是选择比较适合加工成饮料的原料；二是原料经人工挑选，严防病、虫、机械伤果和霉烂果等不符合加工要求的原料混入。加工复合功能果蔬汁饮料的原料要求成熟度高，糖酸比合适，取汁容易，并且具有果实固有的色、香、味。

加工前需经过人工或清洗机对原料进行清洗，充分洗去原料表面的污泥杂质及残留的农药等。洗净的原料用消毒液进行消毒，常用0.1%～0.3%高锰酸钠溶液浸泡。

2. 榨汁和过滤 多数原料采用压榨法榨汁。一般榨汁前需对原料进行破碎，以提高出汁率。榨汁前，通常采用85～90℃热烫漂钝化酶或软化组织，防止氧化变色，使细胞结构松散，便于榨汁。

榨出的汁液要进行澄清和过滤，通过离心或过滤方式可以除去较大的浑浊物质；非常细小的胶物质、淀粉、蛋白质、多酚物质等，需要用酶法或澄清剂处理。澄清前粗滤，酶法或澄清剂处理之后液汁送往细滤机过滤。常用的酶制剂有果胶酶、淀粉酶等，澄清剂有明胶、硅胶、膨润土、聚酰胺等。

3. 调配 滤过后的汁液按现行国家标准《果蔬汁类及其饮料》（GB/T 31121—2014）复合功能果汁饮料标准加以调配，果汁或蔬菜汁含量应大于等于10%。先测定汁液的酸度、可溶性固形物含量、并检查其色泽和香味，然后按成品的标准规定添加适量功能因子、糖或酸等进行调配。添加的功能因子、糖或酸使用前要进行溶解、过滤，冷却。

4. 均质和脱气 经调配后的汁液需进行脱气处理，因为在加工汁液内含空气较多，经脱气处理可以避免或减少汁液成分的氧化，防止汁液色泽和风味变化，并可防止细菌的繁殖。一般采用真空脱气法、气体置换法（惰性气体如氮气、二氧化碳等）、酶法脱气法。

均质是生产浑浊果蔬汁的特殊工序，可以使汁液中不同粒度、不同相对密度的颗粒进一步粉碎并分散均匀，促进果胶渗出，增加果胶与果胶的亲和力防止果胶分层及沉淀产生，使汁液保持均一稳定。生产中常用高压均质机或胶体磨两种设备。

5. 杀菌和冷却 杀菌的目的是防止汁液受微生物和酶的影响。杀菌方法有热杀菌和非热杀菌两大类，热杀菌最为常用。热杀菌又可分为低温杀菌和高温杀菌，低温杀菌常用巴氏杀菌法，高温杀菌常用高温瞬时杀菌法。非热杀菌法包括超高压杀菌、紫外线照射杀菌等。

6. 浓缩和灌装 在浓缩果蔬汁生产时，需进行浓缩，提高糖度和酸度，增加产品稳定性，抑制微生物的繁殖，提高饮料中固形物比例，缩小汁液体积，减轻重量，便于运输和保存。选择浓缩方法时要考虑浓缩果蔬汁成品的质量，使之在稀释复原时能保持与原汁相似的品质，另外还要考虑各种果蔬汁的热稳定性。常用的浓缩方法有真空浓缩、冷冻浓缩、干燥浓缩、反渗透与超滤等。

果蔬汁的灌装，几乎都采用热灌装（除采用纸质容器外）。这种灌装方式由于满量灌装，冷却后果蔬汁容积缩小，容器内形成一定真空度，能较好地保持果蔬汁品质。热灌装后立即密封，灌中心温度控制在70℃，如采用真空灌装，温度可稍低些。非热杀菌的果蔬汁，可采用冷灌装，且一般先灌装后杀菌，有效防止果蔬汁杀菌后的二次污染。

（三）复合功能果蔬汁饮料的质量评价

1. 感官评价 观察并记录复合功能果蔬汁饮料的色泽、滋味和气味、组织状态、澄清度等。采用描述性感官评价法，应具有所标示的水果、蔬菜制成的汁液相符的色泽，或具有与添加成分相似的色泽；应具有所标示的水果、蔬菜制成的汁液相符的滋味和气味，或具有与添加成分相符的滋味和气味，无异味；无外来杂质。

2. pH或酸度测定 采用pH计或滴定分析法测定复合功能果蔬汁饮料的pH或酸度。

3. 可溶性固形物含量 可以采用国家标准《饮料通用分析方法》（GB/T 12143—2008）规定的折光计法测定。在实验室制备时，也可采用糖度折射仪的示度表示复合功能果蔬汁的可溶性固形物含量。

4. 复合功能果蔬汁饮料功效成分检验 功效成分含量应符合产品质量标准指标要求。

三、实践训练

本实验设计一种添加一个或两个功效成分制备具有特定功能复合果蔬汁饮料，功效成分含量≥10mg/100ml。

（一）任务分组

以小组为单位进行，建议每个小组2～3人，开始实验前初步确定每位同学在组内的具体分工。学生以小组为单位按照复合功能果蔬汁饮料的制备工艺及质量评价要求进行实验操作。

小组成员		任务分工
姓名	学号	

（二）实验材料与试剂

新鲜苹果、新鲜胡萝卜、5%叶黄素微粒、10% β－胡萝卜素微粒，10%番茄红素微粒、水、白砂糖、柠檬酸、维生素C、三氯甲烷、甲醇等。

（三）实验仪器与设备

电子天平、果蔬榨汁机（附有果汁粗滤）、高速乳化剪切器、脱气机、电磁炉、不锈钢锅、手持糖度仪、pH计、温度计、厨用刀具、削皮刀、塑料饮料瓶、瓶盖、轧盖机，烧杯、量筒、纱布、抽滤器、无灰分滤纸、分液漏斗、容量瓶、移液管、烧杯、分光光度计等。

（四）实验过程

1. 产品设计要求 果蔬汁含量≥10%（质量分数）、可溶性固形物含量（糖度）在10°～14°BX、pH为3.2～4.8（口感略酸）、添加一种或两种功效成分制备成具有缓解视疲劳复合功能果蔬汁饮料，功效成分含量≥10mg/100ml。

2. 复合功能果蔬汁饮料的制备

（1）浑浊苹果汁的制备 苹果→挑选→洗净→去皮、切块→称量→烫漂→冷却→榨汁→过滤→苹果汁（半成品）。

1）选果 选择成熟晚，适于取汁的品种为原料，剔除病虫害及腐败果。

2）洗净 水中浸洗和喷淋清水洗涤；或1%氢氧化钠和0.1%～0.2%洗涤剂中，在低于40℃浸泡10分钟，水洗；0.2%高锰酸钠液消毒，清水洗净。

3）去皮、切块 将洗净后苹果去皮去芯，切成长、宽、高均为3～4cm的块状。

4）称量 称量并记录此时苹果块的质量。

5）烫漂 在沸水中，烫漂3～4分钟，冷却。烫漂杀死细胞，破坏细胞膜增加组织透性，提高了组织内外物质交换能力，便于后续加工；烫漂后可以钝化酶活性，从而抑制营养物质的氧化损伤、酶促褐变等不良变化；还可以杀灭果蔬表面附着的有害微生物。

6）榨汁 按苹果块：水＝1∶1（质量比）加水后放入榨汁机进行榨汁，榨汁时可加入苹果重量0.1%的维生素C护色。

7）过滤 备用，并用手持糖度仪测糖度。

（2）浑浊胡萝卜汁的制备　原料选择→洗净、去皮→修整、切块→称量→软化→打浆榨汁→过滤→胡萝卜汁（半成品）。

1）原料选择　选择新鲜、成熟度适当、无木质化芯、无病虫害、无采收铲伤的胡萝卜，不宜用储存时间长、有糖芯、霉烂的胡萝卜。

2）洗净、去皮、修整、切块　用水冲洗，洗净原料表面泥土、杂物和微生物；再用 90 ~ 95℃ 的 3% ~4% 氢氧化钠溶液浸泡 1 ~ 2 分钟，再用冷水冲洗，洗去碱液，去皮；再用清水冲漂干净，人工修整切除青头和损伤部分，切成长、宽、高为 3 ~ 5mm 块状。

3）称量　称量并记录此时胡萝卜块的质量。

4）软化　原料小块在沸水（温度 90 ~ 95℃）中预煮 3 ~ 4 分钟后冷却，使之组织软化，并钝化抑制胡萝卜素氧化酶的活性。

5）打浆、榨汁　将冷却后的胡萝卜块加入 1∶1（质量比）的水后加入榨汁机中进行破碎榨汁，通过打浆器与胡萝卜的撞击将胡萝卜打成果肉浆，通过筛孔渗出浆汁，经过过滤得到胡萝卜汁。并用手持糖度仪测糖度。

（3）复合功能果蔬汁饮料的制备　配料计算→糖浆配制→原料预处理→称量→调配→加水定位→冷均质→脱气→热杀菌→热灌装→封盖→杀菌→冷却成品。

1）配料计算　根据计划制备复合功能果蔬汁饮料的量，依据设计要求［果蔬汁含量≥10%（质量分数）、可溶性固形物含量（糖度）在 10° ~ 14°BX、pH 为 3.2 ~ 4.8（口感略酸）、添加一种或两种功效成分制备成具有缓解视疲劳复合功能果蔬汁饮料，功效成分含量≥10mg/100ml］，计算苹果汁、胡萝卜汁，功能因子、白砂糖、柠檬酸的用量。

2）原料预处理　砂糖糖浆的制备（65Brix）：准确计算配制糖浆中糖和水的质量，加水时一定不要超过量；刚开始煮沸时注意火候及搅拌；用微火煮沸 5 分钟；趁热过滤；取样冷却后用手持糖度计测糖度。

酸味剂 50% 柠檬酸溶液，10% 枸橼酸钠。

5% 叶黄素微粒、10% β – 胡萝卜素微粒，10% 番茄红素微粒：需预调理，根据各自设计确定添加量，用少量水溶解。

3）调配　边搅拌边逐个加入混匀，具体配料顺序为原糖浆、酸、果蔬汁、叶黄素、β – 胡萝卜素、番茄红素。

4）加水定位、混匀　加水至所需量，混合均匀。

5）均质　将调配好的复合功能果蔬汁饮料采用均质机冷均质，使饮料增加均匀度和稳定性。

6）脱气　均质后的饮料，在真空脱气机中脱除空气。

7）热杀菌　将果汁饮料迅速加热到 85℃ 以上，保持 8 ~ 10 分钟。

8）热灌装　趁热将经过杀菌的饮料灌入消毒过的饮料瓶中，趁热密封。

9）杀菌　沸水杀菌 5 分钟。

10）冷却　放入到冷水中冷却直至室温，即得成品。

3. 复合功能果蔬汁饮料的质量评价

（1）感官评价　采用描述性感官评价法，观察并记录复合功能果蔬汁饮料的色泽、滋味和气味、组织状态、澄清度等。取约 50ml 混合均匀的样品，置于无色透明容器中，在自然光下观察色泽，鉴别气味，用温开水漱口，品尝滋味，检查其有无外来异物。

（2）pH　采用 pH 计测定复合功能果蔬汁饮料的 pH。

（3）可溶性固形物含量　采用糖度折射仪的示度表示复合功能果蔬汁的可溶性固形物含量。

（4）复合功能果蔬汁饮料功效成分（总类胡萝卜素含量）检验　果蔬滤液通过溶剂萃取，分离提取类胡萝卜素，在特定波长下用分光光度法测其吸光度。该吸光度与类胡萝卜素含量呈线性关系，通过换算即可得知类胡萝卜素的含量。

1）取样和过滤　用移液管吸取20ml混合均匀的复合功能果蔬汁饮料，置于50ml烧杯中，在烧杯中加入3g石英砂，摇动后用布氏漏斗过滤，然后再用5ml水冲洗滤渣3次。

2）萃取　在250ml的分液漏斗中倒入滤液，再加入20ml萃取剂（三氯甲烷：甲醇=2：1，*V*：*V*），振摇后静置，收集下部分有机相；再用20ml萃取剂提取两次，将三次萃取所得有机相合并，用萃取剂定容为100ml。注：对果胶含量大的果蔬，萃取时，将三次合并的有机相重新倒回原分液漏斗，继续用20ml萃取洗涤一次，然后用萃取剂定容至100ml。

3）测定　在440nm±10nm波长下测定提取液的最大吸光度A。

4）结果的计算和表示　类胡萝卜素总量用mg/L表示，按下式计算。

$$类胡萝卜素（mg/L）=A\times 20$$

式中，*A*为测定的最大吸光度；20为换算系数。此计算公式是以公认的胡萝卜素分子平均吸收系数250为依据的。

（五）实验结果

复合功能果蔬汁饮料的质量评价结果如表11-1所示。

表11-1　复合功能果蔬汁饮料制备实验结果

评价项目	结果	结论
感官评价		
pH		
可溶性固形物含量		
功效成分含量		

（六）注意事项

1. 苹果汁制备过程中，沸水中烫漂不能少于3分钟，否则榨汁后很容易变色。

2. 碱液处理的果蔬应立即投入到流动水中彻底漂洗，洗净果蔬表面的余碱，以防变色，必要时也可用稀盐或柠檬酸等溶液护色。

3. 胡萝卜预煮后必须急速冷却，以保持胡萝卜脆嫩度。

四、效果评价

项目	分值	评分标准	个人自评	小组互评	教师评价	各项得分
出勤纪律	10	能严格遵守实验纪律和安全规则，无任何违纪现象为满分				
操作技能	50	完全符合实验规定操作要求，能熟练进行复合功能果蔬汁饮料配方设计和调配，能熟练规范进行复合功能果蔬汁饮料制备和质量评价为满分				
实验结果	15	能规范记录和正确计算复合功能果蔬汁饮料评价项目，制备质量合格的产品为满分				
实验态度	10	实验中态度端正，不怕累、不怕苦，实验中积极主动、与小组同学分工协作为满分				
实验报告	15	符合要求，内容充实，字迹工整，独立完成为满分				
		总分（各项得分的平均值）				

五、问题情境

1. 苹果汁制备过程中哪些措施可以防止褐变问题产生？
2. 如果要制备运动功能型果蔬汁饮料，应从哪些方面着手设计？

参考答案

六、总结反馈

实验反思
实验过程中产生的问题，解决办法
心得体会

书网融合……

GB/T 31121—2014

实验十二　叶黄素功能软糖的制备

PPT

一、学习目标

（一）知识目标

1. 掌握叶黄素功能软糖的制备方法。
2. 熟悉软糖制备的基本原理。
3. 了解凝胶剂及其选择。

（二）能力目标

1. 能熟练进行叶黄素功能软糖制备。
2. 能熟练进行叶黄素功能软糖的质量评价。
3. 能准确分析配方中各成分的作用。

（三）素质目标

1. 培养学习新技能的能力，能灵活运用软糖制备工艺研制其他功能性软糖；培养探索能力和科研能力，使自身具备创新和应用能力。

2. 通过积极参与叶黄素功能软糖的制备实验过程，积极思考分析制备过程中常见的质量问题，提高勇于质疑、科学思维的能力。

二、基本知识

（一）软糖相关概念

1. 软糖　是一类柔软、黏糯、多水分、透明或半透明，略带有弹性的糖果，具有独特的风味、口感。在软糖制备过程中，除了甜味剂、香味剂、色素和酸味剂外，凝胶剂是软糖生产中必不可少的一种辅料，它能与其他物料一起形成具有凝胶特性的稠厚液体或半固体。凝胶剂主要包括淀粉、变性淀粉、明胶、果胶、琼脂、卡拉胶、树胶等，还有一些新型植物胶体，如槐豆胶、角豆胶、黄原胶、结冷胶等。

软糖的特点是含有一种或多种凝胶剂，使糖体具有凝胶性质，故又称为凝胶软糖。凝胶剂能吸收大量的水分，在加热时生成溶胶，在冷却时形成凝胶体。在较低浓度的糖液中加入凝胶体，可使其形成稳定的糖果凝胶体，不同的凝胶剂制成不同的凝胶软糖。

2. 软糖的分类　软糖水分含量较高、柔软，有弹性，韧性好，因使用不同种类的胶体，使糖体具有凝胶性质。软糖都是以一种凝胶为骨架，亲水性的胶体吸收大量水分变成液态溶胶，经冷却变成凝胶。软糖的类型和品质很多，按凝胶剂的特性可分为淀粉软糖、明胶软糖、琼脂软糖、果胶软糖等。淀粉软糖是以淀粉或变性淀粉作为胶体，淀粉软糖黏糯，透明度差，含水量7%～18%，多制成水果味型或清凉味型。明胶软糖以明胶作为胶体，富有弹性和韧性，含水量在18%～24%，多制成水果型、奶味型或清凉型。琼脂软糖以琼脂为胶体，透明度好，具有良好的弹性、韧性和脆性，含水量与明胶软糖近似，多制成水果味型、清凉味型和奶味型。

在软糖中添加营养性成分或功效成分而制成营养软糖或功能性软糖。

3. 软糖的辅料

类型	作用	举例
甜味剂	增加甜味	葡萄糖浆、白砂糖、蔗糖、糖醇等
香料	增香效果	天然果汁、果酱，如甜橙味、菠萝味等
着色剂	增加色泽	合成着色剂和天然着色剂，如日落黄、叶黄素、番茄红素等
酸味剂	调节产品的风味	柠檬酸、酒石酸、苹果酸、乳酸、富马酸等
凝胶剂	加热生成溶胶，冷却形成无定形的凝胶糖体，柔软稳实而富有弹性	淀粉、变性淀粉、明胶、果胶、琼脂、卡拉胶、树胶等；还有一些新型植物胶体，如槐豆胶、角豆胶、黄原胶、结冷胶等

（二）明胶软糖制备工艺

明胶软糖制备工艺如图 12－1 所示。

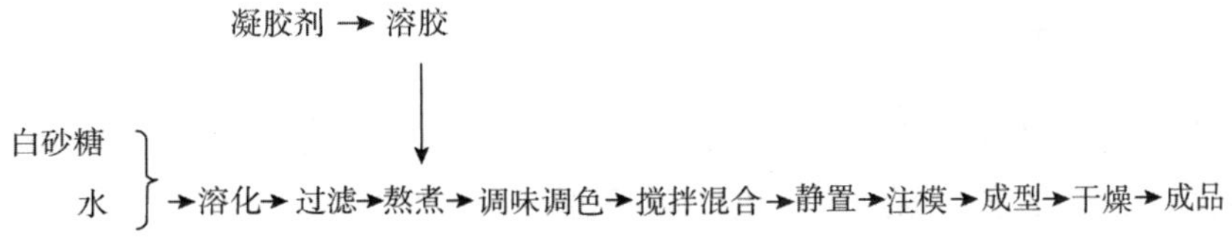

图 12－1　明胶软糖制备工艺流程图

1. 溶胶　将选好的明胶浸泡于冷水中，加水量视明胶质量而定。为了较快溶化，可适当加热，溶化后过滤。

2. 熬糖　先将白砂糖加水溶化，加热熬煮至 110～120℃，加入淀粉糖浆、葡萄糖浆等再熬煮至所需的浓度为止。将糖液冷却至 80℃左右，即可。

3. 调色、调香、调酸　待糖液撤离火源冷却至 80℃左右时，将制备好的明胶溶液加入并混合均匀，再加入其他物料调香调色、混合均匀。

4. 静置、成型　由于明胶与糖浆混合后，糖浆的黏度会增加，从而阻碍混合液中水汽的散发，所以混合后需要静置，让气泡聚集到表层，直到混合液澄清为止。

成型包括切块成形或浇模成形。在切块成型之前，需将糖液在冷却台上凝结，然后切块成形。对于浇模成形的，粉膜温度应保持 32～35℃，糖浆温度不低于 65℃。浇注后需经一定时间凝结。

5. 干燥和包装　为了防止明胶体受热而被破坏，一般采用两种方法干燥明胶软糖：一种是提高糖浆浓度，成型后不再干燥；另一种是成型后还需要在低温下（低于 40℃）干燥。温度过高、干燥速度过快会使软糖外层成硬壳，表面皱缩。当干燥到不黏手，含水量不超过 20% 为适宜。为了防霉，软糖必须严密包装。

（四）软糖的质量评价

1. 感官评价　按照《食品安全国家标准　糖果》（GB 17399—2016）和《糖果　凝胶糖果》（SB/T 10021—2017）的评价方法，采用描述性感官评定方法进行评价，分别从外观和色泽、滋味和气味、形态、组织状态、杂质等方面进行评价，明胶软糖应符合表 12－1 的规定。

表 12－1 软糖感官评价

评价项目	要求
外观、色泽	符合相应产品特定，具有产品应有的色泽
滋味、气味	具有产品应有的气味和滋味，无异嗅、无异味
形态	块形较完整，大小基本一致，无明显变形，无粘连
组织状态	有弹性和咀嚼性，无皱皮
杂质	无正常视力可见杂质

2. 理化指标评价 按照现行《糖果 凝胶糖果》（SB/T 10021—2017）评价方法，进行干燥失重和还原糖含量测定。干燥失重≤20.0g/100g，还原糖（以葡萄糖计）≥10.0g/100g。

三、实践训练

本实验以5%叶黄素微粒、砂糖、葡萄糖浆、明胶为主要原料，再添加一定辅料制成叶黄素功能软糖，并对制得的软糖进行质量评价。

（一）任务分组

以小组为单位进行，建议每个小组2～3人，开始实验前初步确定每位同学在组内的具体分工。学生以小组为单位按照叶黄素功能软糖的制备工艺和质量评价要求进行实验操作。

小组成员		任务分工
姓名	学号	

（二）实验材料与试剂

5%叶黄素微粒、白砂糖、葡萄糖浆、明胶、柳橙汁、柠檬酸。

（三）实验仪器与设备

电子天平、电磁炉、锅、烧杯、玻璃棒、小熊模板等。

（四）实验过程

1. 配方 叶黄素功能软糖参考配方如表12－2所示。

表 12－2 叶黄素功能软糖参考配方

物料名称	添加量（g）	在配方中的作用
5%叶黄素微粒	0.20	
葡萄糖浆	35	
白砂糖	35	
明胶	15	
柳橙汁	12	
柠檬酸	3	

2. 叶黄素功能软糖的制备

（1）5%叶黄素微粒处理 称取配方量的叶黄素微粒，加入其质量5倍的水，搅拌溶解备用。

（2）溶胶　称取配方量的明胶，加入其质量 2 倍的水，充分溶胀后在 60℃水浴中保温使其充分溶解，要求无明胶颗粒。

（3）熬糖　称取配方量的白砂糖、葡萄糖浆，加入白砂糖量 30% 的水，温度控制在 110 ~ 120℃加热溶化。

（4）混合　先将糖体冷却至 80 ~ 90℃后加入明胶溶液搅拌均匀，最后加入叶黄素溶液、调酸溶液和果汁溶液。

（5）浇注和干燥　小熊模板先烘干冷却备用，糖液保温脱气后立即趁热浇注，浇注定型后置于 30 ~ 32℃下干燥 24 小时。

（6）质量检查　将制得的软糖进行外观、口感、理化指标评价，检查合格后进行分装。

（7）包装与贮存　叶黄素功能软糖的包装通常采用单剂量的复合塑料袋包装，密封干燥处保存，防止受潮。

3. 叶黄素功能软糖的质量评价

（1）感官评价　采用描述性感官评定方法进行评价，将样品置于清洁、干净的白色器具中，剥去所有包装材料，分别从外观和色泽、滋味和气味、形态、组织状态、杂质等方面进行评价，叶黄素功能软糖应符合表 12 - 3 的规定。

表 12 - 3　叶黄素功能软糖感官评价

评价项目	要求
外观、色泽	色泽鲜亮，有光泽
滋味、气味	具有柳橙特有的气味，酸甜适宜，适口性好，无涩味，无异嗅、无异味
形态	小熊形状较完整，大小基本一致，无明显变形，无粘连
组织状态	有弹性和咀嚼性，无皱皮，组织均匀，透明性好，弹性好，无气泡
杂质	无正常视力可见杂质

（2）理化指标评价

1）干燥失重　将已知质量的糖果样品，置于真空干燥箱中，干燥至恒重。测定挥发物的质量。测试过程如下。

①样品处理　将样品粉碎，用四分法对角取样，约取 25g，置于清洁、干燥的广口瓶中，混匀待用。

②测定　准确称取已干燥恒重的称量瓶，精确称取样品 3 ~ 5g，放入真空干燥箱内，使真空度达到 0.09MPa，温度控制在 80℃ ±2℃，干燥至少 4 小时取出称量瓶，加盖后放入干燥器内，放置冷却至室温后取出称重（精确至 0.0001g）。重复操作，加热至少 1 小时称重，直至连续两次称重所得的质量差不超过 0.002g。

③计算　糖果中干燥失重含量按下式计算，叶黄素功能软糖干燥失重≤20.0g/100g 为合格。

$$X = \frac{m_1 - m_2}{m_1 - m} \times 100\%$$

式中，X 为糖果中干燥失重的含量，%；m_1 为装有样品的称量瓶的总质量，g；m_2 为样品干燥后和称量瓶的总质量，g；m 为称量瓶的质量，g。

2）还原糖　按《食品安全国家标准　食品中还原糖的测定》（GB 5009.7—2016）规定的第一法测定，还原糖（以葡萄糖计）应≥10.0g/100g。

（五）实验结果

叶黄素功能软糖质量评价实验结果如表 12－4 所示。

表 12－4 叶黄素功能软糖制备实验结果

评价项目	结果	结论
外观、色泽		
滋味、气味		
形态		
组织状态		
杂质		
干燥失重（%）		
还原糖（以葡萄糖计）（g/100g）		

（六）注意事项

1. 熬糖是制备关键，若熬糖固形物含量偏低，制得的糖体强度差，容易变形。糖溶液的酸度、高温和熬煮时间都应注意控制，以保证成品质量。

2. 浇注时要快，要趁热完成浇注。

3. 软糖中含有大量水分（10%～25%），高水分容易促进蔗糖分子重新结晶而返砂，为了防止软糖返砂，故软糖中都有较多的还原糖含量。

四、效果评价

项目	分值	评分标准	个人自评	小组互评	教师评价	各项得分
出勤纪律	10	能严格遵守实验纪律和安全规则，无任何违纪现象为满分				
操作技能	50	完全符合实验规定操作要求，能熟练进行叶黄素功能软糖制作，能熟练独立进行质量评价作为满分				
实验结果	15	能规范记录和正确计算软糖评价结果，制备质量合格的产品为满分				
实验态度	10	实验中态度端正，不怕累、不怕苦，实验中积极主动、与小组同学分工协作为满分				
实验报告	15	符合要求，内容充实，字迹工整，独立完成为满分				
		总分（各项得分的平均值）				

五、问题情境

1. 软糖配方中的凝胶剂该如何选择？

2. 软糖制备过程中常见质量问题有哪些？

参考答案

六、总结反馈

实验反思

实验过程中产生的问题，解决办法

心得体会

书网融合……

叶黄素功能软糖配方中各组分的作用分析

GB 17399—2016

SB/T 10021—2017

GB 5009.7—2016

实验十三　凝固型功能酸奶的制备

PPT

一、学习目标

（一）知识目标

1. 掌握凝固型功能酸奶制备的全过程与质量评价。
2. 熟悉凝固型功能酸奶制备的基本原理。
3. 了解酸奶的概念和分类。

（二）能力目标

1. 能够熟练进行凝固型功能酸奶的配方设计与产品加工。
2. 能熟练进行凝固型功能酸奶的质量评价。
3. 能够针对凝固型功能酸奶常见质量问题给予相应的技术改进。

（三）素质目标

1. 通过凝固型功能酸奶的配方设计，培养勤奋踏实、大胆尝试的探索精神。
2. 通过凝固型功能酸奶制备与质量评价的学习和实践，培养资源开发意识、独立思辨能力。

提示：本实验可作为综合设计性实验组织教学。

二、基本知识

（一）概念

1. 酸奶　也称酸乳，是指以生牛（羊）乳或乳粉为原料，经杀菌、接种嗜热链球菌和保加利亚乳杆菌（德氏乳杆菌保加利亚亚种）发酵制成的产品。

2. 酸奶的分类和制作原理

（1）按产品的组织状态　酸奶分为凝固型酸奶和搅拌型酸奶。凝固型酸奶的发酵过程在包装容器中进行，使产品因发酵而保留凝乳状态。搅拌型酸奶成品是先发酵后灌装制得，发酵后的凝乳已在灌装前和灌装过程中搅碎成黏稠状组织状态。

凝固型酸奶的制作主要是利用细菌中的保加利亚乳杆菌和乳球菌，在牛乳中生长，乳酸菌将牛奶中的乳糖发酵成乳酸，致使乳的 pH 下降，达到乳中酪蛋白等电点（pH4.6）时，形成沉淀聚集物，在灌装的容器中成凝胶状态；另外乳酸菌代谢过程中还会促使部分酪蛋白降解，形成乳酸钙并产生一些脂肪、乙醛、双乙酰、丁二酮等风味物质，从而制得凝固型酸奶。

酸奶发酵过程是由两种及以上的乳酸菌混合培养实现的，乳酸杆菌先分解酪蛋白为氨基酸和小肽，并促进乳酸球菌的生长，而乳酸球菌产生的甲酸又刺激乳酸杆菌产生大量的乳酸和部分乙醛，此外乳酸球菌能产生双乙酰和丁二酮等风味物质，达到稳定状态的混合发酵。

当乳中含有抗生素、防腐剂时，会抑制乳酸菌的生产，从而导致发酵不力，凝固性差。另外，原料乳掺假，特别是掺碱，使发酵所产生的酸被消耗与中和，而不能积累达到凝乳要求的 pH，从而使乳不凝或凝固不好。牛乳中掺水，会使乳的总干物质降低，也会影响酸乳的凝固性。

（2）按产品口味分类　酸奶可分为天然纯酸奶、加糖酸奶、果料酸奶、复合型或营养性酸奶等。天然纯酸奶只由原料乳加菌种发酵而成，不含任何辅料和添加剂；加糖酸乳由原料乳和糖加入菌种发酵而成；果料酸奶是由天然酸奶与糖、果料混合而成；复合型或营养健康型酸奶通常是在酸奶中强化不同的营养物质（如维生素、食物纤维等）或在酸奶中混入不同的辅料（如谷物、干果等）制成。

本实验的凝固型功能酸奶就是由原料乳（或乳粉）、糖和加入功能活性成分经乳酸菌发酵而成的具体特定功能的一种酸奶制品。

（二）凝固型功能酸奶的制备工艺

原料乳（全脂或脱脂乳粉）→砂糖、功能活性成分调配→预热→均质→杀菌→冷却→接种→灌装、封口→发酵→冷却→冷藏、后熟→检验→成品

1. 原料乳　原料乳要求乳酸度 < 18°T，乳固体含量≥11.5%，原料乳不应含有抗生素等阻碍因子。乳中总固体含量，尤其是蛋白质的增加能改善酸奶风味，减轻酸味感，提高酸奶的硬度和黏度并防止乳清析出。原料乳可以用新鲜乳，也可以用乳粉加水（1∶6～1∶8）复原，但不能用初乳、末乳、乳腺炎乳，乳中不得有抗生素残留。

2. 砂糖、功能活性成分调配　加糖不仅可以增加酸奶的甜味，同时还可以提高黏度，有利于酸奶的凝固性。加糖量一般为原料乳 6%～10% 的蔗糖，加糖方法是用原料乳溶糖。耐热的功能活性成分可以和砂糖一起加入，也可以在灌装时加入。

3. 杀菌　酸奶料液预热至 55～65℃，均质机均质后回到杀菌器中，采用 85～90℃下加热 5～10 分钟杀菌。

4. 冷却、接种　杀菌后的酸奶料液冷却到 45℃左右，将乳酸菌发酵剂直接添加到物料中，搅拌混合均匀，搅拌时要无菌操作。

发酵剂的加入量有一定的要求，接种量过低，容易发生保加利亚杆菌生长不良现象，产酸可能受阻，酸生成极不稳定；菌种添加量过多，会给最终产品的组织结构带来缺陷。酸生成过快或酸度过高时，会给芳香物质的生成造成阻碍。一般发酵剂添加量根据菌株的活力确定。

5. 灌装、封口　接种后经过充分搅拌的酸奶料液要立即灌装到容器中，加盖、封口。灌装应做到快、短。装酸乳的容器有玻璃罐、塑料杯、复合纸盒、瓷罐等。

6. 发酵　控制发酵温度和时间使酸奶料液发酵，制成品质良好一致的酸奶制品。一般发酵温度控制在 40～43℃，因为这是保加利亚乳杆菌和嗜热链球菌混合菌种的最适培养温度。发酵时间通常是 3～4 小时（短时间培养），长的可达 5～6 小时，具体时间视凝乳速度而定。

发酵终点时间范围比较小，如果发酵终点确定的过早，则酸奶组织较软、风味差；过迟则酸度高，乳清析出过多，风味也差。因此，如何判定发酵过程的终点，是制作凝固型酸奶的关键性技术之一。判定发酵终点的方法有：一是抽样测定酸奶的酸度，一般酸度在 65～70°T，即可终止培养；二是抽样及时观察，打开盖子，缓慢倾斜瓶身，观察酸奶的流动性和组织状态，如流动性变差且有微小颗粒出现，可终止培养，如尚不够可延长发酵时间；三是在生产时详尽记录每批的发酵时间、发酵温度等，以供下批发酵判定终点时参考。

7. 冷却　发酵到一定酸度后应尽快冷却，有效抑制乳酸菌生长，终止发酵，防止产酸过多；冷却还能稳定酸奶的组织状态，降低乳清析出的速度。在正常发酵期间，细菌处于对数增殖期，对生长环境的变化特别敏感，当温度从 42～44℃骤降到 35～38℃，可以有效降低乳酸菌的生长繁殖速度，酸生成速度几乎与酸奶凝胶体温度平行下降；温度下降到 19～20℃，可完全抑制乳酸菌的生长；当温度继续下

降到10~12℃，乳酸发酵被有效抑制；最后冷却到0~5℃，即酸乳的贮藏温度，可将酶活力控制在最低限度。酸奶的冻结点约在－1℃，因此酸奶不能低于0℃保藏。

冷却速度要适宜，冷却迟缓，会使酸奶过熟；冷却过快，会造成酸奶凝胶体收缩，造成乳清析出。冷却终点的pH不能低于4.5。

8. 冷藏、后熟、检测、成品 酸奶在出厂前需在2~7℃冷藏12~24小时。冷藏后熟能促进芳香物质的产生和改善酸奶硬度。经检验合格后，即得成品。

（三）凝固型功能酸奶的质量评价

1. 感官评价 观察并记录凝固型功能酸奶的色泽、滋味和气味、组织状态等。按《食品安全国家标准　发酵乳》（GB 19302—2010）方法，采用描述性感官评价法，应色泽均匀一致，呈乳白色或微黄色，或具有添加功能活性成分相符的色泽；具有发酵乳特有的滋味和气味，具有添加功能活性成分相符的滋味和气味；组织细腻、均匀，允许有少量乳清析出。

2. pH或酸度测定 采用pH计或按《食品安全国家标准　食品酸度的测定》（GB 5009.239—2016）中方法中的酚酞指示剂滴定分析法测定凝固型功能酸奶的pH或酸度。酸度70~100°T（pH4~4.5）比较适宜。

3. 乳酸菌数 乳酸菌数采用《食品安全国家标准　食品微生物学检验　乳酸菌检验》（GB 4789.35—2016）规定的方法测定（详见实验二十八）。乳酸菌数≥1×10^{6}CFU/ml。

4. 凝固型功能酸奶中功效成分检验 功效成分含量应符合产品质量标准指标要求。

三、实践训练

本实验采用脱脂乳粉复原、加糖和功能活性成分经乳酸菌发酵制备具有特定功能的凝固型功能酸奶，并对所制得酸奶进行质量评价。

（一）任务分组

以小组为单位进行，建议每个小组2~3人，开始实验前初步确定每位同学在组内的具体分工。学生以小组为单位按照凝固型功能酸奶的制备工艺和质量评价要求进行实验操作。

小组成员		任务分工
姓名	学号	

（二）实验材料与试剂

脱脂乳粉、白砂糖、乳酸菌酸奶发酵剂、5%叶黄素微粒、低聚果糖、低聚木糖、菊粉等。

（三）实验仪器设备

电子天平、电磁炉、均质机、生化培养箱、超净工作台、冰箱、酸奶玻璃瓶及瓶盖、量筒、玻璃杯等。

（四）实验过程

1. 凝固型功能酸奶的制备

（1）器具消毒　将容器、搅拌的工具（勺或筷子）煮沸15分钟或用紫外线对其进行杀菌消毒。

（2）配料　奶粉按1∶6比例加水（55~65℃）配成复原乳，然后加复原乳质量6%~10%蔗糖、

0.4%低聚木糖或4%低聚果糖或2%菊粉或0.1%叶黄素微粒后搅匀，完全溶解后，绢布过滤，均质机均质。

（3）杀菌和冷却　将均质后的酸奶料液置于85～90℃下杀菌10分钟；灭菌后，将料液温度迅速冷却到42～45℃。

（4）接种　按乳酸菌酸奶发酵剂的规定接种量接入到冷却的酸奶料液中，充分搅匀，搅拌时要无菌操作。

（5）灌装　接种好的酸奶料液快速、无菌地灌装于灭菌玻璃瓶中，灌装后马上封盖。

（6）发酵　将密封接种后的酸奶料液置于43℃的恒温培养箱中培养3～4小时（具体时间视凝乳速度而定）。发酵过程中抽查产品酸度和品质，滴定酸度达70～80°T（或pH4～5），发酵好的酸奶组织均匀、致密，将瓶口稍微倾斜，酸奶凝固不流动，无乳清析出，可结束发酵。

（7）冷却、后熟　发酵结束后冷却至5℃，然后将已形成凝胶态的酸奶放在4℃左右的低温下冷藏24小时，以使其后熟（后发酵，滴定酸度80～100°T），经检验合格后得到凝固型功能酸奶成品。

2. 凝固型功能酸奶的质量评价

（1）感官评价　观察并记录凝固型功能酸奶的色泽、滋味和气味、组织状态等。按《食品安全国家标准　发酵乳》（GB 19302—2010）方法，采用描述性感官评价法，取适量酸奶样品置于50ml烧杯中，在自然光下观察色泽和组织状态；闻其气味，用温开水漱口，品尝滋味。

（2）酸度测定　按《食品安全国家标准　食品酸度的测定》（GB 5009.239—2016）中方法的酚酞指示剂滴定分析法测定凝固型功能酸奶酸度。酸奶样品经过处理后，以酚酞为指示剂，用0.1mol/L氢氧化钠标准溶液滴定至中性，消耗氢氧化钠溶液的体积数，经计算确定酸奶样品的酸度。酸度70～100°T（pH4～4.5）比较适宜。

1）样品滴定　称取10g（精确到0.001g）已混匀的酸奶样品，置于250ml锥形瓶中，加20ml新煮沸冷却至室温的水，混匀，加入2.0ml酚酞指示液，混匀后用氢氧化钠标准溶液滴定，边滴加边摇动锥形瓶，直到颜色为淡红色，且5秒内不褪色，整个滴定过程应在45秒内完成，记录消耗的氢氧化钠标准滴定溶液毫升数（V_1）。

2）空白滴定　取20ml新煮沸冷却至室温的水，置于250ml锥形瓶中，加入2.0ml酚酞指示液，混匀后用氢氧化钠标准溶液滴定，边滴加边摇动锥形瓶，直到颜色为淡红色，且5秒内不褪色，记录消耗的氢氧化钠标准滴定溶液毫升数（V_0）。

3）酸度的计算　酸奶样品中的酸度数值以（°T）表示，以100g样品所消耗的0.1mol/L氢氧化钠毫升数计，单位为ml/100g。按下式计算酸度。

$$X_1 = \frac{c_1 \times (V_1 - V_0) \times 100}{m_1 \times 0.1}$$

式中，X_1为试样的酸度，°T；c_1为氢氧化钠标准溶液的浓度，mol/L；V_1为滴定时样品溶液所消耗的氢氧化钠标准溶液的体积，ml；V_0为空白试验所消耗的氢氧化钠标准溶液的体积，ml；100为100g试样；0.1为酸度理论定义氢氧化钠的摩尔浓度，mol/L；m_1为称量样品的质量，g。

酸度测定结果以重复性条件下获得的两次独立测定结果的算术平均值表示，结果保留三位有效数字。

（3）乳酸菌数　采用《食品安全国家标准　食品微生物学检验　乳酸菌检验》（GB 4789.35—2016）规定的方法测定（详见实验二十八）。乳酸菌数≥1×10^6CFU/ml。

（4）凝固型功能酸奶中功效成分检验　凝固型功能酸奶中叶黄素含量，采用高效液相色谱外标标准曲线法测定（详见实验二十九），功效成分含量大于等于标示量合格。

（五）实验结果

凝固型功能酸奶质量评价实验结果如表 13－1 所示。

表 13－1　凝固型功能酸奶制备实验结果

评价项目	结果	结论
感官评价		
pH 或酸度		
乳酸菌数		
功效成分含量		

（六）注意事项

1. 在发酵过程中切勿搅拌或摇晃酸奶。
2. 接种时动作要准确熟练，防止空气流通引起的微生物污染，戴口罩以防唾液中微生物的污染，手应该消毒并避免接触其他物品。
3. 实验中先灌装后发酵的方法，要注意加发酵剂后应尽快分装完毕。

四、效果评价

项目	分值	评分标准	个人自评	小组互评	教师评价	各项得分
出勤纪律	10	能严格遵守实验纪律和安全规则，无任何违纪现象为满分				
操作技能	50	完全符合实验规定操作要求，能熟练进行凝固型功能酸奶配方设计和产品加工，能熟练规范进行凝固型功能酸奶质量评价，出现常见质量问题能进行相应的技术改进为满分				
实验结果	15	能规范记录和正确计算凝固型功能酸奶评价项目，制备质量合格的产品为满分				
实验态度	10	实验中态度端正，不怕累、不怕苦，实验中积极主动、与小组同学分工协作为满分				
实验报告	15	符合要求，内容充实，字迹工整，独立完成为满分				
		总分（各项得分的平均值）				

五、问题情境

1. 在凝固型功能酸奶制备中，加入发酵剂的目的是什么？
2. 如凝固型酸奶中有大量乳清析出，其原因是什么？如何解决？

参考答案

六、总结反馈

实验反思
实验过程中产生的问题，解决办法 心得体会

书网融合……

GB 19302—2010　　GB 5009. 239—2016

实验十四　黄芪胶囊的制备

PPT

一、学习目标

（一）知识目标

1. 掌握胶囊剂的制备方法与质量要求。

2. 熟悉胶囊剂制备的基本原理。

3. 了解胶囊剂的概念和种类。

（二）能力目标

1. 掌握硬胶囊的制备工艺及基本操作，并能熟练制备黄芪硬胶囊。

2. 能熟练进行黄芪硬胶囊的质量评价。

3. 能准确分析配方中各成分的作用。

（三）素质目标

1. 充分理解药食同源思想，培养科学探索精神，以科技助力药食同源物质的深加工。

2. 通过积极参与黄芪胶囊的制备实验过程，培养爱岗敬业、求真务实的职业精神，具有良好团队协作意识、协调人际关系能力。

二、基本知识

（一）胶囊剂相关概念

1. 胶囊剂　功能食品胶囊剂是指将功效成分或与适宜辅料填充于空心胶囊或密封于软质囊材中而制成的固体制剂。

2. 胶囊剂分类　在功能食品中，根据囊材的性质，胶囊剂一般分为硬胶囊、软胶囊和肠溶胶囊等。

（1）硬胶囊　是指采用适宜的制剂技术，将一定量的原料提取物与原料粉末或加适宜辅料制成均匀的粉末或颗粒、小片、小丸等，充填于空心胶囊中，或将几种原料粉末直接装于空心胶囊中而制成的功能食品。

（2）软胶囊　是指将一定量的原料、原料提取物加适宜的辅料制成溶液、混悬液、乳状液或半固体，密封于球形、椭圆形或其他形状的软质囊材中制成的胶囊剂。可用滴制法或压制法制备。

（3）肠溶胶囊　是指软胶囊或硬胶囊用适宜的肠溶材料制备而得，或将肠溶材料包衣的颗粒或小丸充填于胶囊中而制成的在胃液中不溶、在肠液中崩解吸收的一种胶囊剂。

3. 空胶囊的组成

组成	作用	举例
成囊材料	囊壳的主要原料	明胶、甲基纤维素、海藻酸盐等
增塑剂	增加囊壳的坚韧性和可塑性	甘油、山梨醇、羧甲基纤维素钠等

续表

组成	作用	举例
矫味剂	增加胶囊的硬度，还可以起矫味作用	蔗糖、蜂蜜等
遮光剂	避免光敏性功效成分的破坏	二氧化钛
色素	产品美观，便于鉴别	食用色素
防腐剂	防止霉变	尼泊金酯类

（二）硬胶囊制备工艺

空胶囊制备→囊心物制备→填充→封口→除尘、抛光→检查→包装→成品

1. 空胶囊制备　空胶囊由囊体和囊帽组成，制备过程分为溶胶、蘸胶制胚、干燥、拔壳、截割及整理等六道工序，一般由自动化生产线完成。目前生产的空胶囊规格由大到小分为000、00、0、1、2、3、4、5号共8种，其容积（±10%）分别为1.42、0.95、0.67、0.48、0.37、0.27、0.13。常用规格为0~3号。

应对空胶囊成品做必要的检验，以保证其重量。检查项目包括外观、弹性（手压胶囊口不碎）、溶解时间（37℃、30分钟）、水分（10%~15%）、胶囊壁的厚度（0.1mm）与均匀度、微生物等。合格后将上下两节套合，装于密封容器中，置于40℃以下、相对湿度30%~40%处、避光贮藏，备用。

2. 囊心物制备　硬胶囊中填充的物料，一般为混合均匀的粉末、颗粒、小丸或小片等。囊心物应不造成囊壳的变质。

3. 填充　由于物料填充多用容积控制，而物料的密度、颗粒大小等不同，所占的容积也不同，故应按填充物料量所占容积来选用最小的空心胶囊。一般可以凭借经验或试装来确定所需胶囊的规格。

小量制备时，可用手工填充法，多用胶囊填充板进行填充；大量生产时，用半自动或全自动胶囊填充机。

4. 封口　胶囊的套合方式有平口与锁口两种。使用平口胶囊，物料填充后，为防止泄漏，封口是一道工序。封口材料常用与制备空胶囊相同浓度的明胶，保持胶液温度在50℃，于囊帽和囊体套合处封上一瓶胶液，烘干即可。采用锁口胶囊，物料填充后，囊体囊帽套上即咬合锁口，粉末不易泄漏，不必封口。

5. 除尘、抛光　硬胶囊剂封口后，用毛刷抛除胶囊表面黏上的粉尘，提高表面光洁度。还可自动剔除装量轻微、空壳、碎片以及体帽分离的胶囊。

6. 检查　将制得的胶囊剂进行外观、装量差异、崩解时限、水分等检查。

7. 包装、成品　胶囊剂易受温度和湿度的影响，包装宜采用玻璃密封容器或铝塑包装，贮存于阴凉干湿适度处（10~30℃，相对湿度70%以下）。相对湿度过高，包装不良的胶囊剂易吸湿、变软、粘连，并利于微生物滋长。但也不能过于干燥，以免胶囊壳失水而易于脆裂。

（三）硬胶囊的常规质量检查

1. 外观　胶囊剂应整洁，不得有黏结、变形、渗漏或囊壳破裂等现象，并应无异臭。硬胶囊的内容物应干燥（除另有规定，水分不得超过9.0%）、松散、混合均匀。

2. 装量差异　按《中国药典》（2020年版）装量差异检查法检测，应符合装量差异限度要求。

3. 崩解时限　按《中国药典》（2020年版）崩解时限检查法检测，硬胶囊应在30分钟内全部崩解，软胶囊应在1小时内全部崩解。

三、实践训练

本实验采用煎煮法制备黄芪浸提液、湿法挤压制颗粒、胶囊板填充制备黄芪硬胶囊，并对所制得的黄芪胶囊进行外观、装量差异、崩解时限等常规质量检查。

（一）任务分组

以小组为单位进行，建议每个小组2～3人，开始实验前初步确定每位同学在组内的具体分工。学生以小组为单位按照黄芪胶囊的制备工艺和质量检查要求进行实验操作。

小组成员		任务分工
姓名	学号	

（二）实验材料与试剂

黄芪、糊精、糖粉、淀粉、硬脂酸镁、空胶囊（0号或1号）。

（三）实验仪器与设备

电子天平、电磁炉、不锈钢煮锅、有柄蒸发皿、玻璃棒、烧杯、1号筛、5号筛、白瓷盘、纱布、电热烘箱、硬胶囊填充板等。

（四）实验过程

1. 配方 黄芪胶囊参考配方如表14－1所示。

表14－1 黄芪胶囊参考配方

物料名称	添加量（g）	在配方中的作用
黄芪	30	
糊精	适量	
糖粉	适量	
淀粉	适量	
硬脂酸镁	0.15	

2. 黄芪胶囊的制备 煎煮→浓缩→制软材→制粒→干燥→整粒→总混→胶囊填充→除尘、抛光质量检查→包装→成品

（1）煎煮 称取30g黄芪，洗净，置锅中加适量水（约300ml）浸泡半小时，热煎煮法煎煮两次，每次为半小时，每次煎液用四层纱布过滤，合并滤液。

（2）浓缩 将合并滤液浓缩（药材与浓缩液重量比为3∶1左右），称量浓缩液质量。

（3）制软材 按稠膏∶糖粉∶糊精∶淀粉＝1∶2∶1∶1比例，加适量糊精、糖粉、淀粉，制成软材，达到“握之成团、触之即散”状态。

（4）制湿粒和干燥 挤压过一号筛，制得湿颗粒，50℃低温干燥约20分钟。

（5）整粒与总混 再过1号筛整粒，加入配方量硬脂酸镁，混合均匀。

（6）填充 硬胶囊填充板手动将颗粒装入0号或1号锁口胶囊中。

（7）除尘、抛光、质量检查、包装　用毛刷抛除胶囊表面黏上的粉尘，质量检查合格后，用玻璃瓶密封包装，置于阴凉干湿适度处（10～30℃，相对湿度70%以下）贮存。

3. 黄芪胶囊的常规质量评价

（1）外观　本品为硬胶囊，观察并记录胶囊内容物的色泽、组织状态、滋味和气味。胶囊剂应整洁，不得有黏结、变形、渗漏或囊壳破裂等现象，并应无异臭。

（2）装量差异　按《中国药典》（2020年版）装量差异限度检查法检测，应符合装量差异限度要求。具体测定方法详见实验十九装量差异检查。

（3）崩解时限　按《中国药典》（2020年版）崩解时限检查法，采用崩解时限仪吊篮法测定。黄芪硬胶囊应在30分钟内全部崩解。具体测定方法详见实验十六崩解时限检查。

（五）实验结果

黄芪胶囊质量评价实验数据记录分析如表14－2所示。

表14－2　黄芪胶囊制备实验结果

评价项目	结果	结论
外观		
装量差异		
崩解时限		

（六）注意事项

1. 煎煮时火候的控制，沸前武火，沸后文火；煎煮过程中用玻璃棒搅拌，适量补水。

2. 浓缩时，锅盖打开，沸前武火，沸后文火，浓缩过程应不断搅拌，防止焦煳。

3. 制软材是关键，按稠膏：糖粉：糊精：淀粉＝1：2：1：1调节辅料用量，并且糊精、糖粉、淀粉应分次分批加入稠浸膏中。如果软材含水量过低，可加入适当浓度的乙醇，若含水量过高，应复烘或调节辅料用量以符合要求。

四、效果评价

项目	分值	评分标准	个人自评	小组互评	教师评价	各项得分
出勤纪律	10	能严格遵守实验纪律和安全规则，无任何违纪现象为满分				
操作技能	50	完全符合实验规定操作要求，能熟练进行煎煮、浓缩、制软材、制粒、干燥、整粒、填充等黄芪胶囊制备操作，能熟练独立进行质量评价作为满分				
实验结果	15	能制备质量合格的胶囊，能规范记录和正确计算黄芪胶囊评价结果，并能正确判定实验结果为满分				
实验态度	10	实验中态度端正，不怕累、不怕苦，实验中积极主动、与小组同学分工协作为满分				
实验报告	15	符合要求，内容充实，字迹工整，独立完成为满分				
		总分（各项得分的平均值）				

五、问题情境

如果硬胶囊剂装量差异检查不合格，应从哪些方面找出原因，并采取什么措施解决？

参考答案

六、总结反馈

实验反思

实验过程中产生的问题，解决办法

心得体会

书网融合……

黄芪胶囊配方中
各组分的作用分析

第三部分 功能食品理化指标检测

实验十五　片剂脆碎度检查

PPT

一、学习目标

（一）知识目标

1. 掌握片剂脆碎度检查的原理及操作规范。
2. 熟悉片剂脆碎度检查用到的仪器、用具。
3. 了解脆碎度的概念及片剂脆碎度检查的意义。

（二）能力目标

1. 能熟练独立应用脆碎度检查法进行片剂脆碎度检查。
2. 能正确判定片剂脆碎度检查的结果。

（三）素质目标

1. 依规检测片剂脆碎度，诚信报告检测结果，保证产品品质。
2. 在小组合作进行片剂脆碎度检查过程中乐于与他人合作，爱岗敬业。

二、基本知识

（一）片剂脆碎度相关概念

脆碎度是指磨损或破碎程度。片剂受到震动或摩擦之后容易引起碎片、细粉、顶裂、破裂等，称为脆碎。脆碎度是反映片剂抗震耐磨能力的指标，用于检查非包衣片的脆碎情况及其他物理强度，如压碎强度等，也是片剂质量标准检查的重要项目。

（二）片剂脆碎度检查法与结果判定

1. 仪器装置　片剂脆碎度测试仪，内径约为286mm，深度为39mm，内壁抛光，一边为可打开的透明耐磨塑料圆筒。筒内有一自中心轴套向外壁延伸的弧形隔片（内径为80mm±1mm，内弧表面与轴套外壁相切），使圆筒转动时，片剂产生滚动。圆筒固定于同轴的水平转轴上，转轴与电动机相连，转速为每分钟25转±1转。每转动一圈，片剂滚动或滑动至筒壁或其他片剂上。

脆碎度测试仪工作时，圆筒转动，圆筒中的片剂在弧形隔板带动下不断发生摩擦、振动和撞击，经一定时间后检查片剂的破碎情况。

2. 片剂脆碎度检查法　片重为0.65g或以下者取若干片，使其总重约为6.5g；片重大于0.65g者取10片，用吹风机吹去脱落的粉末，精密称重，置圆筒中，转动100次。取出，同法除去粉末，精密称重，减失重量不得超过1%，且不得检出断裂、龟裂及粉碎的片。

$$脆碎度=\frac{测试前片剂总重量-测试后片剂总重量}{脆碎前片剂总重量}\times 100\%$$

3. 结果判定　本试验一般仅做一次。如减失重量超过1%时，可复检2次，3次的平均减失重量不得超过1%，并不得检出断裂、龟裂及粉碎的片。

三、实践训练

本实验采用脆碎度测试仪进行维生素 C 片脆碎度检查。

（一）任务分组

以小组为单位进行，建议每个小组 2 ~ 3 人，开始实验前初步确定每位同学在组内的具体分工。学生以小组为单位进行维生素 C 片脆碎度检查实验操作。

小组成员		任务分工
姓名	学号	

（二）实验材料与试剂

维生素 C 片（片剂脆碎度检查样品，片重 0.3g 左右）。

（三）实验仪器与设备

分析天平、扁形称量瓶、电吹风机、脆碎度检查仪。

（四）实验过程

1. 取样　取若干片维生素 C 片，使其总重约为 6.5g。

2. 称量　用吹风机吹去待测片脱落的粉末，精密称量，并记录总重量，将其放置于脆碎仪侧面圆筒内。

3. 设置参数　设置脆碎度测试仪转速为 25r/min，4 分钟转动 100 次。

4. 再称量　从圆筒中取出维生素 C 片，用吹风机吹去脱落的粉末，精密称重，并记录，计算减失重量。观察是否有断裂、龟裂及粉碎的片。

（五）实验结果

片剂脆碎度实验结果如表 15 - 1 所示。

表 15 - 1　片剂脆碎度实验结果

评价项目	结果	结论
测试前质量（g）		
测试后质量（g）		
减失重量（g）		
减失重量百分比（%）		
是否有断裂、龟裂及粉碎的片		

（六）注意事项

1. 测试后，应将脆碎度仪圆筒清洁干净。
2. 仪器用完后，应关闭电源。较长时间不用时，应拔下电源。

四、效果评价

项目	分值	评分标准	个人自评	小组互评	教师评价	各项得分
出勤纪律	10	能严格遵守实验纪律和安全规则，无任何违纪现象为满分				
操作技能	50	能正确熟练使用脆碎度检查用到的仪器、用具；能熟练正确按照脆碎度检查法的操作规范，独立进行片剂脆碎度检查为满分				
实验结果	15	能规范记录和计算脆碎度实验结果，并正确判定实验结果为满分				
实验态度	10	实验中态度端正，不怕累、不怕苦，实验中积极主动、与小组同学分工协作为满分				
实验报告	15	符合要求，内容充实，字迹工整，独立完成为满分				
		总分（各项得分的平均值）				

五、问题情境

如果片剂脆碎度检查不合格，应从哪些方面找出原因，并采取什么措施解决？

参考答案

六、总结反馈

实验反思
实验过程中产生的问题，解决办法
心得体会

PPT

实验十六　崩解时限检查

一、学习目标

（一）知识目标

1. 掌握崩解时限检查的原理及操作规范。
2. 熟悉崩解时限检查用到的仪器、用具和试剂。
3. 了解崩解、崩解时限概念及崩解时限检查的意义。

（二）能力目标

1. 能熟练独立应用崩解时限检查法进行崩解时限检查。
2. 能正确判定崩解时限检查的结果。

（三）素质目标

1. 依规检测崩解时限，诚信报告检测结果，保证产品品质。
2. 在小组合作进行崩解时限检查过程中乐于与他人合作，爱岗敬业。

二、基本知识

（一）崩解时限相关概念

1. 崩解　是指口服固体制剂在规定条件下全部崩解溶散或成碎粒，除不溶性包衣材料或破碎的胶囊壳外，应全部通过筛网。

2. 崩解时限　固体制剂在规定的介质中，以规定的方法进行检查全部崩解溶散或成碎粒并通过筛网所需时间的限度称为崩解时限。

（二）崩解时限检查法与结果判定

1. 片剂崩解时限检查及结果判定　崩解时限检查通常采用升降式崩解仪，主要结构为一能升降的金属支架与下端镶嵌有筛网的吊篮，并附有挡板。

将吊篮通过上端的不锈钢轴悬挂于支架上，浸入1000ml烧杯中，并调节吊篮位置使其下降至低点时筛网距烧杯底部25mm，烧杯内盛有温度为37℃ ±1℃的水，调节水位高度使吊篮上升至高点时筛网在水面下15mm处，吊篮顶部不可浸没于溶液中。

（1）普通片　除另有规定外，取供试品6片，分别置上述吊篮的玻璃管中，启动崩解仪进行检查，各片均应在15分钟内全部崩解。如有1片不能完全崩解，应另取6片复试，均应符合规定。

（2）含片　除另有规定外，按上述装置和方法检查，各片均应在10分钟内全部崩解或溶化。如有1片不符合规定，应另取6片复试，均应符合规定。

（3）泡腾片　取1片，置250ml烧杯（内有200ml温度为20℃ ±5℃的水）中，即有许多气泡放出，当片剂或碎片周围的气体停止逸出时，片剂应溶解或分散在水中，无聚集的颗粒剩留。除另有规定外，同法检查6片，各片均应在5分钟内崩解。如有1片不能完全崩解，应另取6片复试，均应符合规定。

（4）糖衣片　按上述装置与方法检查，各片应在1小时内全部崩解。如有1片不能完全崩解，应另取6片复试，均应符合规定。

（5）薄膜衣片　按上述装置与方法检查，并可改在盐酸溶液（9→1000）中进行检查，化药薄膜衣片应在30分钟内全部崩解。中药薄膜衣片，则每管加挡板1块，各片均应在1小时内全部崩解，如果供试品黏附挡板，应另取6片，不加挡板按上述方法检查，应符合规定。如有1片不能完全崩解，应另取6片复试，均应符合规定。

（6）肠溶片　按上述装置与方法，先在盐酸溶液（9→1000）中检查2小时，每片均不得有裂缝、崩解或软化现象；然后将吊篮取出，用少量水洗涤后，每管加入挡板1块，再按上述方法在磷酸盐缓冲液（pH6.8）中进行检查，1小时内应全部崩解。如果供试品黏附挡板，应另取6片，不加挡板按上述方法检查，应符合规定。如有1片不能完全崩解，应另取6片复试，均应符合规定。

2. 胶囊剂崩解时限检查及结果判定　硬胶囊或软胶囊，除另有规定外，取供试品6粒，按片剂的装置与方法进行检查。硬胶囊应在30分钟内全部崩解；软胶囊应在1小时内全部崩解，以明胶为基质的软胶囊可改在人工胃液中进行检查。如有1粒不能完全崩解，应另取6粒复试，均应符合规定。

肠溶胶囊，除另有规定外，取供试品6粒，按上述装置与方法，先在盐酸溶液（9→1000）中不加挡板检查2小时，每粒的囊壳均不得有裂缝或崩解现象；继将吊篮取出，用少量水洗涤后，每管加入挡板，再按上述方法，改在人工肠液中进行检查，1小时内应全部崩解。如有1粒不能完全崩解，应另取6粒复试，均应符合规定。

3. 人工胃液和人工肠液制备

（1）人工胃液　取稀盐酸16.4ml，加水约800ml与胃蛋白酶10g，摇匀后，加水稀释成1000ml，即得，临用现制。

（2）人工肠液　即磷酸盐缓冲液（含胰酶）（pH6.8），取磷酸二氢钾6.8g，加水500ml使溶解，用0.1mol/L氢氧化钠溶液调节pH至6.8；另取胰酶10g，加水适量使溶解，将两液混合后，加水稀释成1000ml，即得，临用现制。

三、实践训练

本实验采用崩解时限测试仪进行黄芪胶囊或维生素C片的崩解时限检查。

（一）任务分组

以小组为单位进行，建议每个小组2~3人，开始实验前初步确定每位同学在组内的具体分工。学生以小组为单位进行黄芪胶囊或维生素C片崩解时限检查实验操作。

小组成员		任务分工
姓名	学号	

（二）实验材料与试剂

黄芪胶囊或维生素C片（崩解时限检查样品）、蒸馏水。

（三）实验仪器与设备

崩解时限测试仪、烧杯（1L）、吊篮、挡板。

（四）实验过程

1. 仪器调试　将吊篮通过上端的不锈钢轴悬挂于金属支架上，浸入1000ml烧杯中，调节吊篮位置使其下降时筛网距烧杯底25mm左右。

2. 崩解介质和水位调节　烧杯内盛有温度为37℃±1℃的水，调节水位高度，使吊篮上升至最高点时筛网在水下15mm处，吊篮顶部不可浸没于水中。

3. 温度控制　启动温度控制按钮，崩解仪水浴和介质温度控制在37℃±1℃范围内。

4. 崩解时限检查　取6粒黄芪胶囊或6片维生素C，分别置于上述吊篮的玻璃管中，不加挡板，启动崩解仪进行检查，记录各片（粒）崩解时间。

（五）检查结果与判定

黄芪胶囊各粒应在30分钟内全部崩解，维生素C片各片均应在15分钟内全部崩解。如有1片（粒）不能完全崩解，应另取6片（粒）复试，均应符合规定。实验结果如表16－1所示。

表16－1　崩解时限检查结果

评价项目	结果	结论
崩解时间（分钟）	1	
	2	
	3	
	4	
	5	
	6	

（六）注意事项

1. 测试前，应调整仪器使升降的金属支架上下移动距离为55mm±2mm，往返频率为每分钟30～32次后方可进行测定。

2. 在测试过程中，烧杯内的水温（或介质温度）应保持在37℃±1℃，每次检查后应使用校准过的温度计检测介质温度。

3. 每测试一次后，应清洗吊篮的玻璃内壁及筛网、挡板等，并重新更换水或规定的介质。

4. 严禁在水箱不盛水的情况下开启加热开关。

5. 仪器用完后，应关闭电源。较长时间不用时，应拔下电源。

四、效果评价

项目	分值	评分标准	个人自评	小组互评	教师评价	各项得分
出勤纪律	10	能严格遵守实验纪律和安全规则，无任何违纪现象为满分				
操作技能	50	能正确熟练使用崩解时限检查用到的仪器、用具和试剂；能熟练正确按照崩解时限检查法的操作规范，独立进行片剂崩解时限检查为满分				
实验结果	15	能规范记录和正确判定崩解时限检查实验结果为满分				

续表

项目	分值	评分标准	个人自评	小组互评	教师评价	各项得分
实验态度	10	实验中态度端正，不怕累、不怕苦，实验中积极主动、与小组同学分工协作为满分				
实验报告	15	符合要求，内容充实，字迹工整，独立完成为满分				
		总分（各项得分的平均值）				

五、问题情境

1. 崩解时限检查时，如有少量不能通过筛网，但已软化或轻质上漂且无硬心者，或如有不溶性包衣材料或破碎的胶囊壳未通过筛网，可作符合规定论吗？

参考答案

2. 如果片剂崩解时限检查不合格，应从哪些方面找出原因，并采取什么措施解决？

六、总结反馈

实验反思
实验过程中产生的问题，解决办法
心得体会

实验十七　片剂硬度测定

PPT

一、学习目标

（一）知识目标

1. 掌握硬度测定的原理及操作规范。

2. 熟悉硬度测定用到的仪器、用具。

3. 了解片剂硬度的概念及硬度测定意义。

（二）能力目标

1. 能熟练独立使用硬度仪进行片剂硬度测定。

2. 能正确判定片剂硬度是否合格。

（三）素质目标

1. 依法检测片剂硬度，诚信报告检测结果，保证产品品质。

2. 在小组合作进行硬度测定过程中乐于与他人合作，规范操作硬度仪，培养认真负责的工作态度。

二、基本知识

（一）硬度相关概念

硬度指片剂的破碎强度。片剂应有适宜的硬度，以免在包装、运输等过程中破碎或磨碎，因此片剂硬度是反映片剂生产工艺水平、控制片剂质量的重要指标。另外，片剂的硬度与片剂的崩解和溶出有密切关系。

（二）硬度的检测方法

硬度在《中国药典》（2020 年版）中无明确的量化指标，但由于硬度可能对崩解和溶出的影响，生产企业仍将硬度作为内控质量指标之一。企业生产中常用的硬度检测方法有经验方法和硬度仪测量法。

1. 经验方法　将片剂置于示指与中指之间，用拇指加压使折断来估计片剂的硬度。如果轻轻一压片剂即分为两半，说明硬度不足。

2. 硬度仪测量法　在生产和科研中常采用片剂硬度测试仪测量片剂的硬度。将片剂径向放置在两横杆之间，沿径向徐徐加压，片剂刚刚破碎时硬度仪刻度盘上所指示的压力即为片剂的硬度。一般测定 3～6 片，取平均值。片剂一般能承受 40～60N 的压力为合格。

三、实践训练

本实验采用片剂硬度测试仪测量维生素 C 片硬度。

（一）任务分组

以小组为单位进行，建议每个小组2~3人，开始实验前初步确定每位同学在组内的具体分工。学生以小组为单位进行维生素C片硬度测定实验操作。

小组成员		任务分工
姓名	学号	

（二）实验材料与试剂

维生素C片（硬度测定样品）。

（三）实验仪器与设备

片剂硬度测试仪、毛刷、不锈钢小盘子。

（四）实验过程

1. 开启仪器 接通电源，开启片剂硬度测试仪。

2. 测定 取一片维生素C片，将其径向固定在两横杆之间，启动硬度测试仪，沿径向徐徐加压，片剂刚刚破碎时硬度仪停止加压，记录刻度盘上所指示的压力（N）。

3. 重复测定 取6片维生素C片，按上述操作重复测定6次，并记录各片硬度（N）。

（五）硬度测定结果

取6次测定平均值作为维生素C的硬度，实验结果如表17－1所示。

表17－1 片剂硬度测结果

评价项目	每次测定结果	测定结果平均值
硬度（N）	1	
	2	
	3	
	4	
	5	
	6	

（六）注意事项

1. 加压测试过程中，不要将手放在两横杆之间，注意安全。
2. 每次测试后，应将硬度测试仪清洁干净。
3. 仪器用完后，应关闭电源。较长时间不用时，应拔下电源。

四、效果评价

项目	分值	评分标准	个人自评	小组互评	教师评价	各项得分
出勤纪律	10	能严格遵守实验纪律和安全规则，无任何违纪现象为满分				
操作技能	50	能正确熟练使用硬度检测用到的仪器、用具；能熟练正确按照硬度检测的操作规范，独立进行片剂硬度检测为满分				

续表

项目	分值	评分标准	个人自评	小组互评	教师评价	各项得分
实验结果	15	能规范记录和正确计算片剂硬度实验结果为满分				
实验态度	10	实验中态度端正，不怕累、不怕苦，实验中积极主动、与小组同学分工协作为满分				
实验报告	15	符合要求，内容充实，字迹工整，独立完成为满分				
		总分（各项得分的平均值）				

五、问题情境

如果片剂硬度不够，应从哪些方面找出原因，并采取什么措施解决？

参考答案

六、总结反馈

实验反思
实验过程中产生的问题，解决办法
心得体会

实验十八　重量差异检查

PPT

一、学习目标

（一）知识目标

1. 掌握片剂重量差异检查的原理及操作规范。
2. 熟悉电子天平的使用。
3. 了解重量差异检查的意义。

（二）能力目标

1. 能熟练独立进行片剂重量差异检查。
2. 能正确判定片剂重量差异检查的结果。

（三）素质目标

1. 依规检测片剂重量差异，诚信报告检测结果，保证产品品质。
2. 在小组合作进行重量差异检查过程中乐于与他人合作，熟练规范操作电子天平，培养严谨认真的工作态度。

二、基本知识

（一）重量差异相关概念

在片剂生产中，由于颗粒的均匀性和流动性、工艺、设备等原因，都会引起片剂重量差异。重量差异大就意味着每片的含量不一致，影响产品质量和效果，因此必须将片重差异控制在限度内。

重量差异是指按规定称量方法测得每片的重量与平均片重之间的差异程度。重量差异检查的目的在于控制各片剂重量的一致性，保证剂量的准确。

糖衣片的片芯应检查重量差异并符合规定，包糖衣后不再检查重量差异。薄膜衣片应在包薄膜衣后检查重量差异并符合规定。

生产企业在片剂生产过程中，要严格控制片剂重量差异限度，以防止该批次片剂重量差异检查不合格，从而产生废品。所以压片操作人员在生产中每隔一定时间就要抽检片重，一般情况下每次抽检 10 片，根据设备和片重等因素，每次抽检间隔时间为每 10 ~ 30 分钟抽检一次。

（二）重量差异检查法与结果判定

1. 重量差异检查法　取供试品 20 片，精密称定总重量，求得平均片重后，再分别精密称定每片的重量，每片重量与平均片重比较（凡标示片重的片剂，每片重量应与标示片重比较），超出重量差异限度的不得多于 2 片，并不得有 1 片超出限度 1 倍。

2. 结果判定　片剂重量差异限度应符合表 18 – 1 的要求。

表 18 – 1　重量差异限度

平均片重或标示片重	重量差异限度
0. 30g 以下	±7. 5%
0. 30g 及 0. 30g 以上	±5%

三、实践训练

本实验按照重量差异检查法测量维生素 C 片的片重差异。

（一）任务分组

以小组为单位进行，建议每个小组 2～3 人，开始实验前初步确定每位同学在组内的具体分工。学生以小组为单位进行维生素 C 片片重差异检查实验操作。

小组成员		任务分工
姓名	学号	

（二）实验材料与试剂

维生素 C 片（重量差异检查样品，平均片重 0.30g 以下）。

（三）实验仪器与设备

分析天平（感量 0.1mg，适用于平均片重 0.30g 以下的片剂）、扁形称量瓶、小烧杯、小毛刷、镊子。

（四）实验过程

1. 天平调试　确定天平的感量，接通电源，打开分析天平，查看天平是否水平放置，天平自我校准，归零。天平不得随意搬动，使用后及时清洁。

2. 片剂总重测定　取 20 片维生素 C 片，精密称定总重量，求出平均片重。平均片重 = 20 片总重量/20。

3. 称量每片重量　分别精密称定上述 20 片维生素 C 片每片的重量。

4. 计算与结果判定　维生素 C 片每片重量与平均片重比较，超出重量差异限度（±7.5%）的不得多于 2 片，并不得有 1 片超出限度一倍（±15%）。

（五）检查结果

维生素 C 片重量差异检查实验结果如表 18－2 所示。

表 18－2　片剂重量差异实验结果

评价项目	测定结果			结论
20 片总重（g）	1	2	3	
	4	5	6	
	7	8	9	
每片重量（g）	10	11	12	
	13	14	15	
	16	17	18	
	19		20	
平均片重（g）				
片重差异上限（g）				
片重差异下限（g）				

（六）注意事项

1. 称量前仔细检查片剂数量；称量时，应避免用手直接接触片剂；已取出的片剂不得再放回原包装容器中。

2. 如检出超出片重差异的片剂，宜另器妥善保存，必要时复核用。

3. 称量期间天平室内温湿度稳定，每次测试后，应将天平清洁干净。

四、效果评价

项目	分值	评分标准	个人自评	小组互评	教师评价	各项得分
出勤纪律	10	能严格遵守实验纪律和安全规则，无任何违纪现象为满分				
操作技能	50	能正确熟练使用电子天平；能熟练正确独立进行片剂重量差异检查为满分				
实验结果	15	能规范记录和正确计算片剂重量差异实验结果，并能正确判定重量差异结果为满分				
实验态度	10	实验中态度端正，不怕累、不怕苦，实验中积极主动、与小组同学分工协作为满分				
实验报告	15	符合要求，内容充实，字迹工整，独立完成为满分				
		总分（各项得分的平均值）				

五、问题情境

1. 如果片剂重量差异超限，应从哪些方面找出原因，并采取什么措施解决？

2. 某批片剂，平均片重为 0. 3149g。假设其中最重和最轻、次重和次轻的片重分别为 0. 3322g、0. 2976g、0. 3308g 和 0. 2294g，请确定该批产品片重量差异是否合格？

参考答案

六、总结反馈

实验反思
实验过程中产生的问题，解决办法
心得体会

实验十九　装量差异检查

PPT

一、学习目标

（一）知识目标

1. 掌握装量差异检查的原理及操作规范。
2. 熟悉电子天平的使用。
3. 了解装量差异检查的意义。

（二）能力目标

1. 能熟练独立进行胶囊剂装量差异检查。
2. 能正确判定装量差异检查的结果。

（三）素质目标

1. 依规检测胶囊剂装量，诚信报告检测结果，保证产品品质。
2. 在小组合作进行装量差异检查过程中，培养严谨认真的工作态度、合规的质量意识。

二、基本知识

（一）装量差异相关概念

在胶囊剂生产中，由于空胶囊容积、粉末的流动性以及工艺、设备等原因，会引起胶囊剂内容物装量的差异。

装量差异是指按规定称量方法测得每粒的装量与平均装量之间的差异程度。装量差异检查的目的在于控制各粒装量的一致性，保证剂量的准确。

（二）装量差异检查法与结果判定

1. 装量差异检查法　取供试品20粒，分别精密称定重量，倾出内容物（不得损失囊壳），硬胶囊囊壳用小刷或其他适宜的用具拭净；软胶囊或内容物为半固体或液体的硬胶囊囊壳用乙醚等易挥发性溶剂洗净，置通风处使溶剂挥尽，再分别精密称定囊壳重量，求出每粒内容物的装量与平均装量。每粒装量与平均装量相比较（有标示装量的胶囊剂，每粒装量应与标示装量比较），超出装量差异限度的不得多于2粒，并不得有1粒超出限度1倍。

2. 结果判定　胶囊剂装量差异限度应符合表19－1的要求。

表 19－1 装量差异限度表

平均装量或标示装量	装量差异限度
0.30g 以下	±10%
0.30g 及 0.30g 以上	±7.5%

三、实践训练

本实验按照装量差异检查法测量黄芪硬胶囊的装量差异。

（一）任务分组

以小组为单位进行，建议每个小组 2～3 人，开始实验前初步确定每位同学在组内的具体分工。学生以小组为单位进行黄芪硬胶囊装量差异检查实验操作。

小组成员		任务分工
姓名	学号	

（二）实验材料与试剂

黄芪硬胶囊（装量差异检查样品，平均装量 0.30g 以上）。

（三）实验仪器与设备

分析天平（感量 1mg，适用于平均装量重 0.30g 以上的胶囊剂）、扁形称量瓶、小烧杯、小毛刷、镊子。

（四）实验过程

1. 天平调试 确定天平的感量；接通电源，打开分析天平，查看天平是否水平放置，天平自我校准，归零。天平不得随意搬动，使用后及时清洁。

2. 每粒胶囊重量 取 20 粒黄芪硬胶囊，分别精密称定每粒胶囊重量。

3. 胶囊内容物重量 倾出黄芪硬胶囊内容物（不得损失囊壳），用小刷子拭净硬胶囊囊壳。再分别精密称定硬胶囊囊壳重量，求出每粒内容物的装量与平均装量。

4. 计算与结果判定 黄芪硬胶囊每粒装量与平均装量比较，超出装量差异限度（±7.5%）的不得多于 2 粒，并不得有 1 粒超出限度一倍（±15%）。

（五）检查结果

黄芪胶囊装量差异实验结果如表 19－2 所示。

表 19－2　装量差异实验结果

评价项目	测定结果				结论
每粒胶囊重量（g）	1	2	3	4	
	5	6	7	8	
	9	10	11	12	
	13	14	15	16	
	17	18	19	20	
每粒胶囊壳重量（g）	1	2	3	4	
	5	6	7	8	
	9	10	11	12	
	13	14	15	16	
	17	18	19	20	
每粒装量（g）	1	2	3	4	
	5	6	7	8	
	9	10	11	12	
	13	14	15	16	
	17	18	19	20	
平均装量（g）					
装量差异上限（g）					
装量差异下限（g）					

（六）注意事项

1. 称量前仔细检查胶囊数量；称量时，应避免用手直接接触胶囊；已取出的胶囊不得再放回原包装容器中。

2. 注意囊体和囊帽不得混淆。

3. 称量期间天平室内温湿度稳定，每次测试后，应将天平清洁干净。

四、效果评价

项目	分值	评分标准	个人自评	小组互评	教师评价	各项得分
出勤纪律	10	能严格遵守实验纪律和安全规则，无任何违纪现象为满分				
操作技能	50	能正确熟练使用电子天平；能熟练正确独立进行胶囊剂装量差异检查为满分				
实验结果	15	能规范记录和正确计算胶囊剂装量差异实验结果，并能正确判定装量差异结果为满分				
实验态度	10	实验中态度端正，不怕累、不怕苦，实验中积极主动、与小组同学分工协作为满分				
实验报告	15	符合要求，内容充实，字迹工整，独立完成为满分				
		总分（各项得分的平均值）				

五、问题情境

某批胶囊，平均装量为0.2349g，装量差异限度为多少？计算其装量差异上限和装量差异下限。

参考答案

六、总结反馈

实验反思
实验过程中产生的问题，解决办法 心得体会

实验二十　维生素 E 粉中菌落总数的测定

PPT

一、学习目标

（一）知识目标

1. 掌握标准平板活菌计数的基本原理及操作规范。
2. 熟悉菌落总数的概念及检测意义。

（二）能力目标

1. 能熟练独立进行维生素 E 粉中菌落总数的测定。
2. 能对检验结果进行准确地判断与报告。

（三）素质目标

1. 在实验过程中，培养主动参与、积极合作互助的团队精神和动手实践能力锻炼。
2. 逐步养成仔细观察、规范操作的良好习惯，具有精益求精的职业态度和公正客观的职业道德。
3. 通过实验废弃物的无害化处理，培养环保意识和责任。

二、基本知识

（一）菌落总数的概念及意义

菌落（colony）是指单个微生物在适宜的固体培养基表面或内部生长繁殖到一定程度，形成的肉眼可见的微生物群落。菌落形成单位数（colony forming unit，CFU）是指单位质量或体积样品在培养基上形成的菌落数。

菌落总数（aerobic plate count）是指食品检样经过处理，在一定条件下（如培养基、培养温度和培养时间等）培养后，所得每克（毫升）检样中形成的微生物菌落总数，通常以 CFU/g（ml）表示。菌落总数主要用于判定样品受污染的程度、微生物生长存活动态，对样品进行综合卫生学评价。反映食品被细菌污染的程度，预测食品耐放程度和时间，估测食品腐败状况。

（二）菌落总数测定法

根据现行《食品安全国家标准　食品微生物学检验　菌落总数测定》（GB 4789.2—2022），菌落总数常采用标准平板活菌计数法来测定。标准平板活菌计数法（standard plate count，SPC 法）又称平板菌落计数法，是最常用的一种活菌计数法。它是根据微生物在高度稀释条件下于平板计数琼脂（plate count agar，PCA）培养基上所形成的单个菌落，是由一个单细胞繁殖而成，这一培养特征设计的计数方法，即一个菌落代表一个单细胞。检测时，根据待检样品的污染程度，做 10 倍递增系列稀释，制成均匀的系列稀释液，尽量使样品中的微生物细胞分散开，使之呈单个细胞存在（否则一个菌落就不只是代表一个细胞），选择其中 2 ~ 3 个稀释度，使至少有一个稀释度的平均菌落数在 30 ~ 300CFU，再取一定量的稀释液接种到培养皿中，使其均匀分布于平皿中的培养基内，经恒温培养后，由单个细胞生长繁殖形成菌落，统计菌落数，根据其稀释倍数和取样接种量即可换算出样品中的活菌数。

1. 样品的稀释

（1）固体和半固体样品　称取25g样品置于盛有225ml无菌磷酸盐缓冲液或无菌生理氯化钠溶液的无菌均质杯或无菌均质袋中，均质或拍击式均质1～2分钟，制成1∶10的样品匀液。

（2）液体样品　以无菌吸管吸取25ml样品置于盛有225ml无菌磷酸盐缓冲液或无菌生理氯化钠溶液的无菌锥形瓶（瓶内可预置适量的无菌玻璃珠）或无菌均质袋中，混合均匀后，制成1∶10的样品匀液。

（3）梯度稀释　用1ml无菌吸管或微量移液器吸取1∶10的样品匀液1ml，沿管壁缓慢注于盛有9ml稀释液的无菌试管中（注意吸管或吸头尖端不要触及稀释液面），在振荡器上振荡混匀，制成1∶100的样品匀液。按上述操作，制备10倍系列稀释样品匀液。每递增稀释一次，换用1次1ml无菌吸管或吸头。

2. 接种和倒平板　根据对样品污染状况的估计，选择1～3种适宜稀释度的样品匀液（液体样品可包括原液），吸取1ml样品匀液于无菌培养皿中，每个稀释度做两个培养皿。同时，分别吸取1ml空白稀释液加入两个无菌培养皿内做空白对照。

及时将15～20ml冷却至46～50℃的平板计数琼脂培养基（可放置于48℃恒温装置中保温）倾注培养皿，并转动培养皿使其混合均匀。

3. 培养　水平放置待琼脂凝固后，将平板翻转，36℃±1℃培养48±2小时。

4. 菌落计数　肉眼观察，必要时用放大镜或菌落计数器，记录稀释倍数和相应的菌落数量。菌落计数以菌落形成单位（CFU）表示。

选择菌落数在30～300CFU、无蔓延菌落生长的平板计数菌落总数。低于30CFU的平板记录具体菌落数，大于300CFU的可记录多不可计。

若其中一个平板有较大片状菌落生长时，则不宜采用，而应以无较大片状菌落生长的平板作为该稀释度的菌落数；若片状菌落不到平板的一半，而其余一半中菌落数分布很均匀，可计算半个平板后乘以2，代表一个平板菌落数。

当平板上出现菌落间无明显界限的链状生长时，则将每条单链作为一个菌落计数。

5. 菌落总数的计算原则

（1）挑选菌落数在30～300CFU的平板作为菌落数的计数标准。

（2）若只有一个稀释度平板上的菌落数符合计数标准，计算2个平板菌落数的平均值，再乘稀释倍数，作为每克或每毫升样品中的菌落总数。

（3）若2个连续稀释度的平板菌落数符合计数标准，按$n = \sum C / [(n_1 + 0.1 \times n_2) d]$计算。其中，$\sum C$为符合计数标准的平板菌落数之和；$n_1$为低稀释倍数符合计数标准的平板个数；$n_2$为高稀释倍数符合计数标准的平板个数；$d$为低稀释倍数。

（4）若所有稀释度的平板菌落数均大于300CFU，则应按最高稀释度的平均菌落数乘以稀释倍数计算。

（5）若所有稀释度的平板菌落数均小于30CFU，则应按低稀释度的平均菌落数乘以稀释倍数计算。

（6）若所有稀释度平板均无菌落生长，则以小于1乘以最低稀释倍数计数。

（7）若所有稀释度菌落数均不在30～300CFU，则应以最接近300CFU或30CFU的平均菌落数乘以稀释倍数计算。

（8）若一个平板在30～300CFU，另一个平板不在30～300CFU，则仅用在30～300CFU的平板菌落数计算。

6. 菌落总数的报告原则

（1）菌落数小于 100CFU 时，按“四舍五入”原则修约，以整数报告。

（2）菌落数大于或等于 100CFU 时，第三位数字采用“四舍五入”原则修约后，采用两位有效数字，后面用 0 代替位数；也可用 10 的指数形式来表示，按“四舍五入”原则修约后，采用两位有效数字。

（3）若空白对照上有菌落生长，则此次检测结果无效。

（4）结果以 CFU/g 或 CFU/ml 为单位报告。

三、实践训练

本实验采用平板菌落计数法测定维生素 E 粉中菌落总数。不同功能食品，菌落总数限定要求不同。本实验中维生素 E 粉菌落总数≤1000CFU/g 时，维生素 E 粉中菌落总数指标合格。

（一）任务分组

以小组为单位进行，建议每个小组 2～3 人，开始实验前初步确定每位同学的具体任务分工。学生以小组为单位进行维生素 E 粉中菌落总数测定实验操作。

小组成员		任务分工
姓名	学号	

（二）实验材料与试剂

维生素 E 粉（实验用样品，经微胶囊包埋制备的水溶性维生素 E 产品）、PCA 培养基（150ml/组）、生理氯化钠溶液（250 毫升/组）、精密 pH 试纸等。

（三）实验仪器与设备

培养皿（8 个/组）、1ml 移液管（4 支/组）、25ml 移液管（1 支/组）、250ml 三角瓶（1 个/组）、500ml 三角瓶（1 个/组）、10ml 试管（3 支/组）、电子天平（感量为 0.1g）、电炉、高压蒸汽灭菌锅、生化培养箱、菌落计数器等。

（四）实验过程

1. 玻璃器皿的洗涤

（1）新购置的培养皿、三角瓶、烧杯、试管用 2% 的盐酸溶液或洗涤液浸泡数小时后，自来水冲洗干净，晾干或烘干备用。

（2）用过的培养皿、三角瓶、烧杯、试管先用洗衣粉刷洗，再自来水冲洗干净，晾干或烘干备用。

（3）用过的移液管，从浸泡数小时的消毒液（如 0.5% 苯扎溴铵）内取出，去掉棉塞，自来水冲洗干净，晾干备用。

2. 玻璃器皿的包扎

（1）培养皿包扎　8～10 个干燥培养皿朝向一致地排齐，从双层报纸宽的一侧开始包扎，边卷边将报纸多余部分向内折，最后将多余报纸塞入折内。或者将培养皿直接放入不锈钢培养皿灭菌桶内。

（2）移液管包扎　取适量脱脂棉，轻轻插入移液管口1～1.5cm，松紧适中，外露脱脂棉用打火机烧去。用6～8cm宽的报纸条，一侧折2cm长的双层报纸，管尖斜放于双层报纸上，先将吸管尖端包起，再逐步向上卷，最后把管口端的纸卷捏扁并打结。或者将塞好棉花的吸管直接放入不锈钢吸管灭菌桶内。

3. 玻璃器皿的灭菌　已包扎的玻璃器皿于160～170℃干热灭菌1～2小时。已灭菌的玻璃器皿放入专用柜，备用。

4. 无菌生理氯化钠溶液配制　称量→溶解→分装→包扎→灭菌

（1）称量、溶解　称取8.5g氯化钠，溶解于1000ml蒸馏水中。

（2）分装　每小组需1只500ml三角瓶和3支10ml试管，每瓶分装225ml生理氯化钠溶液（加几粒玻璃珠），每试管分装9ml生理氯化钠溶液。

（3）包扎标记　塞好硅胶塞，包上一层牛皮纸，用皮筋或棉线系好。

（4）灭菌　121℃高压蒸汽灭菌15分钟。

5. PCA 培养基配制　称量→煮沸溶解→分装→包扎、标记→灭菌

（1）称量、溶解　按PCA培养基的用法称取一定量PCA培养基，溶于1000ml蒸馏水中，煮沸溶解。

（2）分装、包扎　每组需1只250ml三角瓶，每瓶分装150ml PCA培养基。塞好硅胶塞，包上一层牛皮纸，用皮筋或棉线系好。在三角瓶上标明培养基名称、组别和日期等。

（3）灭菌　121℃高压蒸汽灭菌15分钟。

6. 维生素E粉菌落总数检验　前期准备→样品稀释→接种→倒平板→培养→菌落计数

（1）前期准备　除维生素E粉样品外，其他已灭菌的检验用品摆放于超净工作台内，紫外灭菌30分钟（超净台和洁净室）。手部消毒后带上无菌手套，先每2个皿盖标记为10^{-1}、10^{-2}、10^{-3}和空白，相同标记的皿盖编号为1、2，最后8个皿盖上均标记日期和组号。在500ml三角瓶标记稀释度10^{-1}，在3支10ml试管上分别标记稀释度10^{-2}、10^{-3}和空白。

（2）稀释与接种

1）样品袋用酒精棉消毒后打开，称取25g样品置于盛有225ml无菌生理氯化钠溶液的三角瓶内，充分振荡摇匀，制成稀释度10^{-1}的样液。

2）用1ml无菌移液管吸取稀释度10^{-1}的样液1ml，沿管壁缓慢注于标记稀释度10^{-2}的盛有9ml稀释液的试管中（移液管的外壁和尖端不要接触试管内壁和液面），振荡混匀，制成稀释度10^{-2}的样液。同时，各吸取1ml稀释度10^{-1}的样液于标记稀释度10^{-1}的2个无菌培养皿内。

3）按上述操作，制备稀释度10^{-3}的样液，并各吸取1ml稀释度10^{-2}的样液于标记稀释度10^{-2}的2个无菌培养皿内（注意：不同稀释度的样液要用不同的无菌移液管移液）。

4）各吸取1ml稀释度10^{-3}的样液于标记稀释度10^{-3}的2个无菌培养皿内。同时，各吸取1ml空白稀释液于标记空白对照的2个无菌培养皿内（空白对照）。每递增稀释一次，换用一次1ml无菌移液管。

（3）倒平板　及时将15～20ml冷却至46～50℃的PCA培养基倾注培养皿，并转动培养皿使其混合均匀。

（4）培养和菌落计数　待琼脂凝固后，将平板翻转，36℃±1℃培养48±2小时后，菌落计数。

（5）实验废弃物处理　计数完成后废弃平板等需进行高压蒸汽灭菌，无害化处理后才可进行清洗。

（五）实验结果

1. 原始数据表　维生素E粉菌落总数原始数据记录如表20－1所示。

表 20－1　维生素 E 粉菌落总数原始数据

稀释度	10^{-1}		10^{-2}		10^{-3}		空白对照	
培养皿编号	1	2	1	2	1	2	1	2
菌落数（CFU/皿）								

2. 计算与报告　按“（二）菌落总数测定法”中菌落总数计算原则和报告原则，计算和报告维生素 E 粉菌落总数。

不同功能食品，菌落总数限定要求不同。本实验中维生素 E 粉菌落总数≤1000CFU/g 时，维生素 E 粉中菌落总数指标合格。

若测得的菌落总数≤1000CFU/g，该产品菌落总数指标合格；若菌落总数＞1000CFU/g，该产品菌落总数指标不合格。

（六）注意事项

1. 整个检验过程需无菌操作。

2. 培养基溶解与加热过程中，用玻璃棒边搅拌边加入培养基，加热过程中要不断搅拌直至完全融化，以免黏底焦煳。

3. 梯度稀释时，已接触过高浓度样液的移液管管尖和外壁不可触及低浓度试管中的液面和管壁，每稀释一个梯度均需更换一支干净的无菌吸管。

4. 倒平板时，PCA 培养基温度不能太高，以免将菌烫死；倒平板后及时旋转平皿使其混匀，待凝固后方可移动。

四、效果评价

项目	分值	评分标准	个人自评	小组互评	教师评价	各项得分
出勤纪律	10	能严格遵守实验纪律和安全规则，无任何违纪现象为满分				
操作技能	50	能熟练洗涤、包扎与灭菌所用玻璃器皿；能熟练正确制备 PCA 培养基和生理氯化钠溶液；能独立完成维生素 E 粉中菌落总数检验为满分				
实验结果	15	能规范记录和正确计算菌落数，并正确判定和报告实验结果为满分				
实验态度	10	实验中态度端正，不怕累、不怕苦，实验中积极主动、与小组同学分工协作为满分				
实验报告	15	符合要求，内容充实，字迹工整，独立完成为满分				
		总分（各项得分的平均值）				

五、问题情境

如果 PCA 培养基表面存在弥漫生长的菌落，需采取什么解决措施？

参考答案

六、总结反馈

实验反思

实验过程中产生的问题，解决办法

心得体会

书网融合……

原始记录与报告样稿　　GB 4789. 2—2022

实验二十一　维生素 E 粉中霉菌和酵母菌计数

PPT

一、学习目标

（一）知识目标

1. 掌握霉菌和酵母菌计数的程序及操作规范。
2. 熟悉霉菌和酵母菌检测原理与意义。

（二）能力目标

1. 能熟练独立对维生素 E 粉中霉菌和酵母计数。
2. 能对检验结果进行准确地判断与报告。

（三）素质目标

1. 通过查阅国标关于霉菌和酵母菌计数测定的规定，培养善于获取、分析、归纳、使用信息，学以致用解决实际问题的职业能力和素养。
2. 正确规范计算实验结果，公正客观报告实验结论，形成实事求是的科学态度。

二、基本知识

（一）霉菌和酵母菌的概念及检测意义

霉菌（mold）是丝状真菌的通称，凡是在营养基质上能形成绒毛状、网状或絮状菌丝体的真菌（除少数外），统称为霉菌。

酵母菌（yeast）是指能发酵糖类的各种单细胞真菌，是一种典型的兼性厌氧微生物。

霉菌和酵母菌广泛分布于自然界。由于霉菌和酵母菌营养要求较低，存活力强，在 pH、湿度、温度偏低，含盐、含糖量高，以及含抗生素的环境中均可生长。可引起食品及其原辅料、药品和其他日常用品发霉变质，从而使产品失去食用或使用价值，甚至有些霉菌产生毒素，造成真菌毒素中毒。因此，将霉菌和酵母菌作为评价检样卫生质量的指标菌，并以霉菌和酵母菌总数作为判断检样被霉菌和酵母菌污染程度的标志，同时制定相关检样的霉菌和酵母菌总数限量标准。

（二）霉菌和酵母菌计数方法

根据《食品安全国家标准　食品微生物学检验　霉菌和酵母计数》（GB 4789. 15—2016）标准中的第一法，霉菌和酵母菌平板计数法，与菌落总数测定类似，选用标准平板活菌计数法，即检样经过处理，在一定条件下培养后，所得 1g 或 1ml 检样中所含的霉菌和酵母菌的菌落数。根据霉菌和酵母菌特有的形态和培养特性，通常在马铃薯葡萄糖琼脂或孟加拉红琼脂培养基上，置 28℃ ±1℃ 培养 5 天后对霉菌和酵母菌菌落计数。

1. 样品的稀释

（1）固体和半固体样品　称取25g样品置于盛有225ml无菌蒸馏水或磷酸盐缓冲液或无菌生理氯化钠溶液的无菌容器中，充分振摇混匀，制成1∶10的样品匀液。

（2）液体样品　以无菌吸管吸取25ml样品置于盛有225ml无菌蒸馏水或磷酸盐缓冲液或无菌生理氯化钠溶液的无菌锥形瓶（瓶内可预置适量的无菌玻璃珠）或无菌均质袋中，混合均匀后，制成1∶10的样品匀液。

（3）梯度稀释　用1ml无菌吸管或微量移液器吸取1∶10的样品匀液1ml，沿管壁缓慢注于盛有9ml无菌稀释液的无菌试管中（注意吸管或吸头尖端不要触及稀释液面），另换一支1ml无菌吸管反复吹洗，或在振荡器上振荡混匀，制成1∶100的样品匀液。按上述操作，制备10倍递增系列稀释样品匀液。每递增稀释一次，换用1次1ml无菌吸管或吸头。

2. 接种和倒平板　根据对样品污染状况的估计，选择2～3个适宜稀释度的样品匀液（液体样品可包括原液），吸取1ml样品匀液于无菌培养皿中，每个稀释度做两个培养皿。同时，分别吸取1ml空白稀释液加入两个无菌培养皿内做空白对照。

及时将20～25ml冷却至46℃的马铃薯葡萄糖琼脂或孟加拉红琼脂（可放置于46℃±1℃恒温水浴箱中保温）倾注培养皿，并转动培养皿使其混合均匀。

3. 培养　水平放置待培养基凝固后，正置平板，28℃±1℃培养箱中培养，于第5天观察并记录培养结果。

4. 菌落计数　肉眼观察，必要时用放大镜或低倍镜，记录稀释倍数和相应的霉菌和酵母菌数量。以菌落形成单位（CFU）表示。

选择菌落数在10～150CFU的平板，根据菌落形态分别计数霉菌和酵母菌。霉菌蔓延生长覆盖整个平板的可记录为菌落蔓延。

5. 菌落总数的计算原则

（1）挑选菌落数在10～150CFU的平板作为菌落数的计数标准。

（2）若只有一个稀释度平板上的菌落数符合计数标准，计算2个平板菌落数的平均值，再乘稀释倍数，作为每克或每毫升样品中的菌落总数。

（3）若2个连续稀释度的平板菌落数符合计数标准，按 $n=\sum C/[(n_1+0.1n_2)d]$ 计算。其中，$\sum C$ 为符合计数标准的平板菌落数之和；n_1 为低稀释倍数符合计数标准的平板个数；n_2 为高稀释倍数符合计数标准的平板个数；d 为低稀释倍数。

（4）若所有稀释度的平板菌落数均大于150CFU，则应按最高稀释度的平均菌落数乘以稀释倍数计数，其他平板可记录为多不可计。

（5）若所有稀释度的平板菌落数均小于10CFU，则应按低稀释度的平均菌落数乘以稀释倍数计算。

（6）若所有稀释度平板均无菌落生长，则以小于1乘以最低稀释倍数计数。

（7）若所有稀释度菌落数均不在10～150CFU，则应以最接近10CFU或150CFU的平均菌落数乘以稀释倍数计算。

（8）若一个平板在10～150CFU，另一个平板不在10～150CFU，则仅用在10～150CFU的平板菌落数计算。

6. 菌落总数的报告原则

（1）菌落数在10CFU以内时，按“四舍五入”原则修约，采用一位有效数字报告。

（2）菌落数在10～100CFU时，按“四舍五入”原则修约，采用两位有效数字报告。

（3）菌落数大于或等于 100CFU 时，第 3 位数字采用“四舍五入”原则修约后，取前 2 位有效数字，后面用 0 代替位数；也可用 10 的指数形式来表示，按“四舍五入”原则修约后，采用 2 位有效数字。

（4）若空白对照平板上有菌落生长，则此次检测结果无效。

（5）结果以 CFU/g（称重取样时）或 CFU/ml（体积取样时）为单位报告，报告或分别报告霉菌和（或）酵母数。

三、实践训练

本实验采用平板计数法测量维生素 E 粉中霉菌和酵母菌总数。

（一）任务分组

以小组为单位进行，建议每个小组 2～3 人，开始实验前初步确定每位同学的具体任务分工。学生以小组为单位进行维生素 E 粉中霉菌和酵母菌计数实验。

小组成员		任务分工
姓名	学号	

（二）实验材料与试剂

维生素 E 粉（实验用样品，经微胶囊包埋制备的水溶性维生素 E 产品）、孟加拉红培养基（150 毫升/组）、生理氯化钠溶液（250 毫升/组）、氯霉素（USP 级）、无水乙醇（分析级）、精密 pH 试纸等。

（三）实验仪器与设备

培养皿（8 个/组）、1ml 移液管（5 支/组）、25ml 移液管（1 支/组）、250ml 三角瓶（1 个/组）、500ml 三角瓶（1 个/组）、10ml 试管（3 支/组）、天平（感量为 0.1g）、电炉、高压蒸汽灭菌锅、生化培养箱等。

（四）实验过程

1. 玻璃器皿的洗涤

（1）新购置的培养皿、三角瓶、烧杯、试管用 2% 的盐酸溶液或洗涤液浸泡数小时后，自来水冲洗干净，晾干或烘干备用。

（2）用过的培养皿、三角瓶、烧杯、试管先用洗衣粉刷洗，再自来水冲洗干净，晾干或烘干备用。

（3）用过的移液管，在消毒液（如 0.5% 苯扎溴铵）中浸泡数小时后取出，去掉棉塞，自来水冲洗干净，晾干备用。

2. 玻璃器皿的包扎

（1）培养皿包扎　8～10 个干燥培养皿朝向一致地排齐，从双层报纸宽的一侧开始包扎，边卷边将报纸多余部分向内折，最后将多余报纸塞入折内。或者将培养皿直接放入不锈钢培养皿灭菌桶内。

（2）移液管包扎　取适量脱脂棉，轻轻插入移液管口 1～1.5cm，松紧适中，外露脱脂棉用打火机烧去。用 6～8cm 宽的报纸条，一侧折 2cm 长的双层报纸，管尖斜放于双层报纸上，先将吸管尖端包起，再逐步向上卷，最后把管口端的纸卷捏扁并打结。或者将塞好棉花的吸管直接放入不锈钢吸管灭菌桶内。

3. 玻璃器皿的灭菌 已包扎的玻璃器皿于160～170℃干热灭菌1～2小时。已灭菌的玻璃器皿放入专用柜，备用。

4. 无菌生理氯化钠溶液配制 称量→溶解→分装→包扎→灭菌

（1）称量、溶解 称取8.5g氯化钠，溶解于1000ml蒸馏水中。

（2）分装 每小组需1只500ml三角瓶和3支10ml试管，每瓶分装225ml生理氯化钠溶液（加几粒玻璃珠），每试管分装9ml生理氯化钠溶液。

（3）包扎标记 塞好硅胶塞，包上一层牛皮纸，用皮筋或棉线系好。

（4）灭菌 121℃高压蒸汽灭菌15分钟。

5. 孟加拉红培养基配制 称量→煮沸溶解→分装→包扎、标记→灭菌

（1）称量、溶解 按孟加拉红培养基的用法称取一定量培养基，溶于1000ml蒸馏水中，加热溶解，补足蒸馏水至1000ml。

（2）分装、包扎 每小组需1只250ml三角瓶，每瓶分装150ml孟加拉红培养基。塞好硅胶塞，包上一层牛皮纸，用皮筋或棉线系好。在三角瓶上标明培养基名称、组别和日期等。

（3）灭菌 121℃高压蒸汽灭菌15分钟。

6. 无菌氯霉素溶液配制 称取1.5g氯霉素，溶解于100ml无水乙醇溶液，超净台内0.22μm膜过滤除菌，备用。

7. 维生素E粉中霉菌和酵母平板计数法检验 前期准备→样品稀释→接种→倒平板→培养→菌落计数

（1）前期准备 除维生素E粉样品外，其他已灭菌的检验用品摆放于超净工作台内，紫外灭菌30分钟（超净台和洁净室）。手部消毒后带上无菌手套，先每2个皿盖标记为10^{-1}、10^{-2}、10^{-3}和空白，相同标记的皿盖编号为1、2，最后8个皿盖上均标记日期和组号。在500ml三角瓶标记稀释度10^{-1}，在3支10ml试管上分别标记稀释度10^{-2}、10^{-3}和空白。

（2）稀释与接种

1）样品袋用酒精棉消毒后打开，称取25g样品置于盛有225ml无菌生理氯化钠溶液的三角瓶内，充分振荡摇匀，制成稀释度10^{-1}的样液。

2）用1ml无菌移液管吸取稀释度10^{-1}的样液1ml，沿管壁缓慢注于标记稀释度10^{-2}的盛有9ml稀释液的试管中（移液管的外壁和尖端不要接触试管内壁和液面），振荡混匀，制成稀释度10^{-2}的样液。同时，各吸取1ml稀释度10^{-1}的样液于标记稀释度10^{-1}的2个无菌培养皿内。

3）按上述操作，制备稀释度10^{-3}的样液，并各吸取1ml稀释度10^{-2}的样液于标记稀释度10^{-2}的2个无菌培养皿内（注意：不同稀释度的样液要用不同的无菌移液管移液）。

4）各吸取1ml稀释度10^{-3}的样液于标记稀释度10^{-3}的2个无菌培养皿内。同时，各吸取1ml空白稀释液于标记空白对照的2个无菌培养皿内（空白对照）。

（3）加抗生素与倒平板 待孟加拉红培养基（可放置于46℃±1℃恒温装置中保温）冷却至46℃后，用1ml无菌移液管吸取1ml无菌氯霉素溶液加至培养基中，混匀。及时向培养皿倾注20～25ml培养基，并转动培养皿使其混合均匀。

（4）培养 琼脂凝固后，正置平板，于28℃±1℃培养箱内培养5天，观察并记录结果。

（5）菌落计数 若空白上有菌落生长，则此次检测结果无效；若无菌落生长，则结果有效，进行样品的菌落计数。选取菌落数在10～150CFU的平板计数菌落总数。霉菌蔓延生长覆盖整个平板的可记

录为“菌落蔓延”。

（6）实验废弃物处理　计数完成后废弃平板等需进行高压蒸汽灭菌，无害化处理后才可进行清洗。

（五）实验结果

1. 原始数据表　维生素 E 粉中霉菌和酵母菌菌落计数原始数据见表 21－1。

表 21－1　霉菌和酵母菌菌落原始数据

稀释度	10^{-1}		10^{-2}		10^{-3}		空白对照	
培养皿编号	1	2	1	2	1	2	1	2
菌落数（CFU/皿）								

2. 计算与报告　按“（二）霉菌和酵母菌计数方法”中菌落总数计算原则和报告原则，计算和报告维生素 E 粉中霉菌和酵母菌数。

不同功能食品，霉菌和酵母菌限定要求不同。功能食品的微生物限量应符合《食品安全国家标准　预包装食品中致病菌限量》（GB 29921—2021）中相应类属食品和相应类属食品的食品安全国家标准的规定。例如，发酵乳中酵母菌总数应≤100CFU/g（ml）、霉菌应≤30CFU/g（ml）。本实验中维生素粉霉菌和酵母菌总数≤100CFU/g 时，维生素 E 粉产品中霉菌和酵母菌菌数指标合格。

本实验中，若测得的维生素 E 粉霉菌和酵母数≤100CFU/g，则产品霉菌和酵母数指标合格；如果测得的维生素 E 粉霉菌和酵母数＞100CFU/g，则产品霉菌和酵母数指标不合格。

（六）注意事项

1. 整个检验过程需无菌操作，注意超净工作台的使用方法、无菌操作要领。
2. 培养基溶解与加热过程中，用玻璃棒边搅拌边加入培养基，加热过程中要不断搅拌直至完全融化，以免黏底焦煳。
3. 梯度稀释时，要充分打散稀释液使霉菌孢子充分散开。
4. 实验过程中防止霉菌孢子污染实验室。
5. 及时观察，动作要轻，第 3 日不生长时要继续培养到第 5 日。
6. 在培养基的不同位置，酵母菌呈现多种菌落形态。

四、效果评价

项目	分值	评分标准	个人自评	小组互评	教师评价	各项得分
出勤纪律	10	能严格遵守实验纪律和安全规则，无任何违纪现象为满分				
操作技能	50	能熟练洗涤、包扎与灭菌所用玻璃器皿；能熟练正确制备孟加拉红培养基和生理氯化钠溶液；能独立完成维生素 E 粉中霉菌和酵母菌计数为满分				
实验结果	15	能规范记录和计算霉菌和酵母菌菌落数，并正确判定和报告实验结果为满分				
实验态度	10	实验中态度端正，不怕累、不怕苦，实验中积极主动、与小组同学分工协作为满分				
实验报告	15	符合要求，内容充实，字迹工整，独立完成为满分				
		总分（各项得分的平均值）				

五、问题情境

如果使平板菌落计数准确，需严格控制哪些关键步骤？为什么？

参考答案

六、总结反馈

实验反思
实验过程中产生的问题，解决办法
心得体会

书网融合……

GB 4789. 15—2016

实验二十二　石墨炉原子吸收光谱法测定维生素 E 粉中铅的含量

PPT

一、学习目标

（一）知识目标

1. 掌握石墨炉原子吸收分光光度计的操作步骤及注意事项；标准曲线法在原子吸收定量分析中的应用。

2. 熟悉几种样品消化方法及步骤。

3. 了解石墨炉原子吸收分光光度计的基本结构和原理。

（二）能力目标

1. 能熟练操作石墨炉原子吸收分光光度计和微波消解仪。

2. 能对维生素 E 粉进行正确规范的样品预处理，熟练测定维生素 E 粉中铅的含量，并能按要求处理检验数据，对检测结果能正确判断与报告。

（三）素质目标

1. 在污染物铅含量实验过程中，提高食品质量与安全意识，强化守护食品安全的责任意识和担当。

2. 在小组合作进行铅标准溶液的配制和标准曲线的绘制过程中，培养集体观念和团队协作精神，具有精益求精的工匠精神和细致入微的观察分析能力。

二、基本知识

（一）铅检测方法及意义

铅是一种对人体危害极大的有毒重金属，铅通过呼吸道、消化道进入人体后，主要累及神经、血液及造血、消化系统等。生长发育期的婴幼儿由于血脑屏障发育不完全，解毒功能不完善，对铅的神经毒性极其敏感。

《食品安全国家标准　食品中污染物限量》（GB 2762—2022）中对各类食品中铅污染物限量给出了具体指标。食品中铅污染物的测定方法有很多，我国现行的《食品安全国家标准　食品中铅的测定》（GB 5009. 12—2017）和《食品安全国家标准　食品添加剂中铅的测定》（GB 5009. 75—2014）中对铅的测定共列出四种方法：石墨炉原子吸收光谱法、电耦合等离子体质谱法、火焰原子吸收光谱法、二硫腙比色法。其中，石墨炉原子吸收光谱法也是仲裁方法。

（二）石墨炉原子吸收光谱法

1. 仪器装置　石墨炉原子吸收分光光度计由光源、石墨炉原子化器、分光系统、检测系统、工作站五部分组成。

（1）光源　光源的作用是发射被测元素的特征共振辐射。光强度应足够大，有良好的稳定性、使用寿命长。空心阴极灯是原子吸收光谱仪的理想光源，应用最广。空心阴极灯一般是由待测元素的纯金属作灯的阴极，灯内充有惰性气体（氩气或氖气），测不同金属元素需用各自的元素灯。本实验测定铅含量，需用铅空心阴极灯来作光源。

（2）原子化器　原子吸收光谱仪的原子化器是提供能量使样品干燥、蒸发和原子化，同时入射光束在这里被基态原子吸收，因此也可以把它视为“吸收池”。常用的原子化器有火焰原子化器和电热高温石墨炉原子化器。石墨炉电热原子化器（图 22 - 1）由电源、石墨管炉、保护气系统、冷却系统四部分组成。

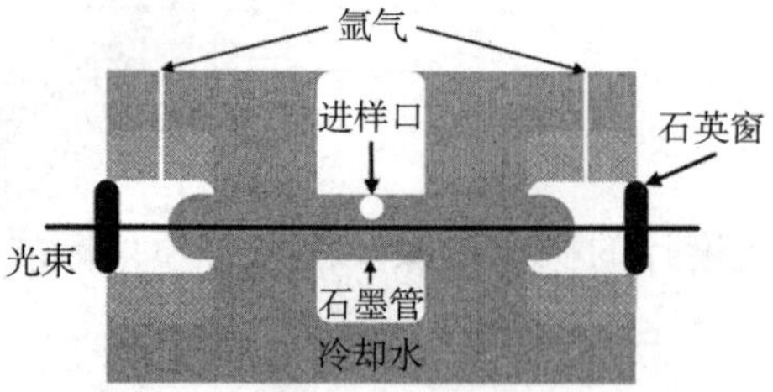

图 22 - 1　石墨炉电热原子化器示意图

石墨炉原子化过程是将样品注入石墨管中间位置，用大电流通过石墨管以产生高达 2000 ~ 3000℃的高温使试样经过干燥、蒸发和原子化。程序升温原子化过程包括干燥、灰化、原子化、净化四个操作程序，使待测元素在高温下生成基态原子。干燥阶段是要除去试样中的溶剂，防止灰化或原子化过程中样品飞溅，干燥温度应高于溶剂沸点，一般选择 105 ~ 120℃。灰化阶段使试样中易挥发基体和有机物尽量挥发除去。原子化将试样气体化成基态原子蒸气，此时停止通氩气，延长原子停留时间，提高灵敏度，温度为 2500 ~ 3000℃的高温。净化阶段是高温除残留的过程，样品测定完成，在高于原子化温度条件下高温去残留，净化石墨管。

石墨炉电热原子化器具有以下特点：试样用量少，液体试样为 1 ~ 100μl，固体为 0.1 ~ 10mg；灵敏度高，检测限多为 $1.0 \times 10^{-10} \sim 1.0 \times 10^{-12}$，某些元素可达到 1.0×10^{-14}，是一种微痕量分析技术；试样利用率高，原子化的原子在石墨炉中可以停留较长的时间，且原子化过程是在还原性气氛中进行的，原子化效率可达 90% 以上；可直接测定黏度较大的试样和固体样品；整个原子化过程是在一个密闭的配有冷却装置的系统中进行的，在操作时比火焰法安全；但其测定的精密度、重现性不如火焰法，装置和操作也较复杂，需增加设备费用。

（3）分光系统　将空心阴极灯阴极材料的杂质、惰性气体发出的谱线及分析线的邻近线等与待测元素的共振吸收线分开。

（4）检测系统　分光系统分出的光信号转变成电信号，放大器将光电倍增管输出的较弱的电信号，经电子线路进一步放大，对数变换器将光强度与吸光度之间转换，然后在显示记录装置上显示测得的吸光度值。

2. 检测原理与方法　试样经酸消解处理后，注入原子吸收分光光度计石墨炉中，电热原子化后产生含有铅的基态原子蒸气，在通过含有铅元素空心阴极灯发射出一定强度和一定波长的特征光谱（283.3nm）时，产生特征吸收，透过原子蒸气的特征光强度将减弱，并投射到光电检测器上被检测出来。光强减弱的程度与蒸气中铅元素的浓度成正比，即吸光度遵守朗伯 - 比尔定律 [$A = \lg(I_0/I) = KcL$]，根据此定量关系，利用标准曲线法或标准加入法即可测定样品中铅的含量。

（1）样品前处理　样品先进行消化处理，使有机物破坏除去，残留物再用合适的酸溶解。样品有三种消解方法，即湿法消解法、微波消解法和压力罐消解法，可根据实验条件选择不同的消解方法。

1）湿法消解法　称取试样1.000～5.000g（精确到0.001g）于锥形瓶中，加入几粒玻璃珠，加入10ml硝酸和0.5ml高氯酸，加盖浸泡过夜，加一小漏斗，在可调电热炉上加热消解至冒白烟，消化液呈无色透明或略带黄色为止，冷却后用水定容至10ml，混匀备用。同时做试剂空白试验。

2）微波消解法　称取试样0.500～2.000g（精确至0.001g）微波消解罐中，加入10ml硝酸，按照微波消解仪的操作步骤消解试样。冷却后取出消解罐，在电热板上于140～160℃赶酸至1ml左右。消解罐放冷后，将消化液转移至10ml容量瓶中，用少量水洗涤消解罐2～3次，合并洗涤液于容量瓶中并用水定容至刻度，混匀备用。同时做试剂空试验。

3）压力罐消解法　称取试样1.000～2.000g（精确至0.001g）于消解内罐中，加入2～4ml硝酸，浸泡过夜。盖好内盖，旋紧不锈钢外套，放入恒温干燥箱，于140～160℃下保持4～5小时。冷却后缓慢旋松外罐，取出消解内罐，放在可调式电热板上于140～160℃赶酸至1ml左右。冷却后将消化液转移至10ml容量瓶中，用少量水洗涤内罐和内盖2～3次，合并洗涤液于容量瓶中并用水定容至刻度，混匀备用。同时做试剂空白试验。

（2）测定

1）仪器条件　根据各自仪器性能调至最佳状态。参考条件：波长283.3nm、狭缝0.5nm、灯电流8～12mA，干燥温度85～120℃、持续20～40秒；灰化温度750℃、持续20～30秒；原子化温度2300℃，持续4～5秒；背景校正为氘灯或塞曼效应。

2）标准曲线绘制　配制铅标准系列溶液，按质量浓度由低到高的顺序分别将10μl铅标准系列使用液，注入石墨炉，测得其吸光值并求得吸光值与浓度关系的一元线性回归方程及相关系数。

3）试样测定　在与测定标准溶液相同的实验条件下，分别将样品溶液、试剂空白液各10μl，注入石墨炉，原子化后测得其吸光值，代入标准系列的一元线性回归方程中求得样品溶液和试剂空白液中铅浓度。

4）基体改进剂的使用　为了减少背景干扰需注入适量的基体改进剂磷酸二氢铵溶液（20g/L），一般为5μl或与试样同量，绘制铅标准曲线时也要加入与试样测定时等量的基体改进剂磷酸二氢铵溶液。测定样品时注意背景校正器的校正能力，如不能消除背景吸收的干扰，则考虑使用化学法进行测定。

三、实践训练

本实验采用微波消解法制备维生素E粉样品溶液、石墨炉原子吸收光谱法测定维生素E粉中铅含量。

（一）任务分组

以小组为单位进行，建议每个小组2～3人，开始实验前初步确定每位同学在组内的具体分工。学生以小组为单位进行维生素E粉中铅含量测定实验操作。

小组成员		任务分工
姓名	学号	

（二）实验材料与试剂

维生素E粉（实验用样品，经微胶囊包埋制备的水溶性维生素E产品）、浓硝酸（优级纯）、1.00mg/ml铅标准储备液、磷酸二氢铵（优级纯）、硝酸钯（优级纯）。

（三）实验仪器与设备

电子天平（感量0.1mg和1mg）、100ml容量瓶、1000ml容量瓶，100ml量筒、微波消解系统（配聚四氟乙烯消解罐和赶酸板）、石墨炉原子吸收光谱仪（铅空心阴极灯）。

（四）实验过程

1. 玻璃器皿和消解罐洗涤 所有玻璃器皿、消解罐均需以硝酸溶液（1+4，*V/V*）浸泡24小时以上，用水反复冲洗，最后用去离子水冲洗干净。

2. 溶液配制

（1）硝酸溶液（0.5mol/L） 移取32ml硝酸至1000ml容量瓶中，加去离子水至刻度，混匀。

（2）磷酸二氢铵-硝酸钯溶液 称取0.02g硝酸钯，加少量硝酸溶液（0.5mol/L）溶解后，再加入2.0g磷酸二氢铵，溶解后用硝酸溶液（0.5mol/L）定容至100ml，混匀后微滤至进样瓶，做标记。

（3）铅标准中间液（1.00μg/ml） 准确吸取1.00ml铅标准储备液（1.00mg/ml）于1000ml容量瓶中，加硝酸溶液（0.5mol/L）至刻度，混匀。

（4）铅标准使用溶液 分别吸取铅标准中间液（1.00μg/ml）0ml、0.500ml、1.00ml、1.50ml、2.00ml和2.50ml于100ml容量瓶中，加硝酸溶液（0.5mol/L）至刻度，混匀。此铅标准使用溶液的质量浓度分别为0ng/L、5.00ng/ml、10.0ng/ml、15.0ng/ml、20.0ng/ml和25.0ng/ml。另外，吸取5ml铅标准中间液（1.00μg/ml）于100ml容量瓶中，加硝酸溶液（0.5mol/L）至刻度，混匀，此标准溶液（50ng/ml）用作加标液。

3. 试样制备 本实验采用微波消解法制备维生素E粉、加标样与空白试样溶液（在采样和试样制备过程中，应避免试样污染）。

（1）试样 称取2.000g维生素E粉于微波消解罐中，加入10ml浓硝酸，做标记。

（2）加标试样 称取2.000g维生素E粉于微波消解罐中，分别加入1.00ml标准溶液（50ng/ml）和10ml浓硝酸，做标记。

（3）空白试样 向微波消解罐中加入10ml浓硝酸，作标记。

（4）预消解 上述3个消解罐放入140℃赶酸板里，预消化20分钟。

（5）微波消解 待预消化完成，自然冷却至室温后旋紧管盖，于微波消解仪中消化。微波消解升温程序为：120℃、升温时间5分钟、持续时间5分钟，160℃、升温时间5分钟、持续时间10分钟，180℃、升温时间5分钟、持续时间10分钟。

（6）赶酸 消化完成后，自然冷却至室温，开盖后于150℃赶酸板中赶酸，至溶液体积约1ml后取出消解罐，自然冷却至室温。

（7）定容 将消化液转移至10ml容量瓶中，用少量硝酸溶液（0.5mol/L）多次洗涤消解罐，洗液合并于容量瓶中，用硝酸溶液（0.5mol/L）定容，混匀后微滤至进样瓶，做标记。

4. 测定 根据各自仪器性能调至最佳状态。以TAS-990AFG型原子吸收分光光度计为例，操作步骤如下。

（1）开机 依次打开排风设备、电脑，待电脑启动完毕后打开主机电源。

（2）仪器初始化

1）双击“AAwin”图标，选择“联机”，仪器进入自检。

2）自检完成后，选择正确的工作灯和预热灯，点“下一步”“下一步”，点“寻峰”，出现峰值后，点“关闭”，点“下一步”，“关闭”，仪器进入主界面。把不锈钢挡板拿开。

（3）仪器调整

1）在任务栏点“仪器”，选择“测量方法”，点“石墨炉”，点“确定”，石墨炉自动切换到位。

2）打开氩气钢瓶总阀，调节出口压力至0.5MPa，打开冷却水循环机（1～2L/min），打开石墨炉电源的电源开关。若需更换石墨管，击“石墨管”按钮打开石墨炉，用镊子换上新石墨管，点“确定”按钮关闭石墨炉。

3）先观察光路是否能通过石墨炉体，如果不能，单击“仪器”，点“原子化器位置”调节石墨炉原子化器前后，调节圆盘来调节高低位置，使峰高最大（不低于80%），点“能量”，点“自动能量平衡”。

4）单击“仪器”，点“扣背景方式”，选择“氘灯”，点“确定”。单击“能量”，选择“高级调试”，选择“氘灯反射镜电机”，用“正、反”转调整使红色的背景能量值最大。点击“自动能量平衡”后，关闭此窗口。

（4）测量参数的设定

1）点“加热”按钮，输入或修改石墨炉加热程序：干燥温度120℃、升温时间15秒、保持时间45秒、内气流量“最大”；灰化温度750℃、升温时间15秒、保持时间30秒、内气流量“最大”；原子化温度2300℃、升温时间0秒、保持时间5秒、原子化“开”、内气流量“关”；净化温度2400℃、升温时间1秒、保持时间1秒、内气流量“最大”。输入“冷却时间”60秒，点“确定”。

2）点“参数”按钮，在常规界面输入“测量重复次数”3次；在显示界面输入“吸光度显示范围”－0.1～1.0；在信号处理界面的“计算方式”，选择“峰高”，输入“积分时间”3秒、“滤波系数”0.1，点“确定”。

（5）样品设置

1）单击“样品”，弹出“样品设置向导窗口”，选择“校正方法”标准曲线，选择“曲线方程”一次方程，选择“浓度单位”ng/ml，输入“样品名称”和“起始编号”，点击“下一步”。选择“标准系列样品个数”，输入“标准系列样品浓度值”，点“下一步”“下一步”，输入“样品数量”，点“完成”。

2）仪器预热20～30分钟。

（6）测定

1）点击“空烧”3次。

2）查看能量值是否在100%左右，如不在则点“能量”，再点“自动能量平衡”。

3）点“校零”按钮。

4）点“测量”按钮。

5）按质量浓度由低到高的顺序，分别将10μl标准系列溶液或空白消解液或试样消解液或加标消解液和5μl磷酸二氢铵－硝酸钯溶液同时注入石墨炉，点“开始”进行测量、读数。

6）测量完成后，点“终止”，完成测量，退出测量窗口。

（7）关机　依次关掉氩气、冷却水、退出软件、主机与石墨炉电源、计算机、排风系统。

（五）实验结果

1. 原始数据表 维生素 E 粉中铅含量测定实验原始数据如表 22－1 所示。

表 22－1 原始数据表

<table>
<tr><td>检测项目</td><td colspan="2"></td><td colspan="2">开始日期</td><td colspan="2"></td></tr>
<tr><td>检测依据</td><td colspan="2"></td><td colspan="2">完成日期</td><td colspan="2"></td></tr>
<tr><td>仪器及型号</td><td colspan="2"></td><td colspan="2">仪器编号</td><td colspan="2"></td></tr>
<tr><td rowspan="4">主要仪器检测条件</td><td colspan="3">干燥温度及时间</td><td colspan="3">灯电流</td></tr>
<tr><td colspan="3">灰化温度及时间</td><td colspan="3">狭缝</td></tr>
<tr><td colspan="3">原子化温度及时间</td><td colspan="3">测定波长</td></tr>
<tr><td colspan="3">净化温度及时间</td><td colspan="3">氩气流量</td></tr>
<tr><td>标准储备液
（编号、浓度、厂家、有效期）</td><td colspan="6"></td></tr>
<tr><td>维生素 E 粉质量（g）</td><td colspan="6"></td></tr>
<tr><td rowspan="6">标准曲线</td><td>标准编号</td><td></td><td></td><td></td><td></td><td></td></tr>
<tr><td>标准溶液（ml）</td><td></td><td></td><td></td><td></td><td></td></tr>
<tr><td>定容体积（ml）</td><td colspan="5"></td></tr>
<tr><td>Pb 浓度（ng/ml）</td><td></td><td></td><td></td><td></td><td></td></tr>
<tr><td>吸光度 A</td><td></td><td></td><td></td><td></td><td></td></tr>
<tr><td>线性回归方程</td><td colspan="5"></td></tr>
<tr><td></td><td>试样空白</td><td colspan="3">试样</td><td colspan="2">加标试样</td></tr>
<tr><td>吸光度</td><td></td><td colspan="3"></td><td colspan="2"></td></tr>
<tr><td>加标量 V_3（ml）</td><td></td><td colspan="3">加标用标准溶液浓度 c_3（ng/ml）</td><td colspan="2"></td></tr>
</table>

2. 维生素 E 粉中铅含量和加标回收率计算和报告 以标准使用溶液的质量浓度（ng/ml）为横坐标，吸光度值为纵坐标，求得质量浓度与吸光值的一元线性回归方程。再将试样空白、试样和加标试样的吸光值代入上述一元线性回归方程，求得 3 个试样消化液的铅浓度（ng/ml）。

加标回收率按下式计算。

$$P=\frac{(c_2-c_1)\times V}{c_3\times V_3}\times 100\%$$

式中，P 为加标回收率，%；c_1 为试样消化液测定浓度，ng/ml；c_2 为加标试样消化液测定浓度，ng/ml；c_3 为加标用标准溶液浓度，ng/ml；V 为试样消化液的定容体积，ml；V_3 为标准溶液的加入量，ml。

加标回收率计算结果保留两位小数，加标回收率应为 80%～100%。

试样中铅含量按下式计算。

$$X=\frac{(c_1-c_0)\times V\times 1000}{m\times 1000\times p}$$

式中，X 为试样中铅的含量，μg/kg；c_1 为试样消化液测定浓度，ng/ml；c_0 为试样空白消化液测定浓度，ng/ml；V 为试样消化液的定容体积，ml；m 为试样质量，g；P 为加标回收率，%；1000 为换算系数。

计算结果保留两位有效数字。在重复性条件下获得的两次独立测定结果的绝对差值不得超过算术平均值的 20%。

（3）维生素 E 粉中铅含量报告　实验用维生素 E 粉铅含量≤2.0mg/kg 时，该产品中铅含量指标合格；如果铅含量计算结果大于 2.0mg/kg 时，该产品铅含量不合格。

（六）注意事项

1. 平台石墨管的加热温度最高不能超过 2600℃，原子化温度高于 2400℃ 的元素应采用不带平台的石墨管。

2. 安装新石墨管后，应进行高温空烧处理 2～3 次。

3. 使用石墨炉前，检查氩气出口压力是否达到规定压力，否则易造成石墨炉体打不开和石墨管不能夹紧。

4. 浓硝酸具有挥发性，使用时要在通风橱内或佩戴防毒口罩，以避免吸入蒸汽。

5. 由于原子化时非原子吸收信号极强而难以得到铅的吸收信号，需要选择合适的基体改进剂（磷酸二氢铵和硝酸钯）。磷酸二氢铵－硝酸钯作为基体改良剂时可与铅结合形成较为稳定的络合物，在较高温度下也不分解挥发，从而提高灰化温度，使大部分干扰成分在灰化时挥发，从而排除干扰。通常，对测定有干扰的样品，加入的基体改良剂体积一般不超过 5μl。绘制标准曲线时也要加入与样品测定时等量的基体改良剂。加入基体改良剂后可适当提到灰化的温度，尽可能多地消除基体干扰。

6. 为了避免系统误差，标准系列溶液可采用由高到低逐级稀释方法配制。

7. 为保持试剂空白低水平，实验用水为超纯水，实验试剂选优级纯，实验过程中要严格控制试剂污染。

四、效果评价

项目	分值	评分标准	个人自评	小组互评	教师评价	各项得分
出勤纪律	10	能严格遵守实验纪律和安全规则，无任何违纪现象为满分				
操作技能	50	能正确熟练使用原子吸收分光光度计和微波消解仪；能正确按照石墨炉原子吸收光谱法，熟练独立对维生素 E 粉中铅含量进行检测为满分				
实验结果	15	能规范记录和计算维生素 E 粉中铅含量测定的实验结果，并正确判定实验结果为满分				
实验态度	10	实验中态度端正，不怕累、不怕苦，实验中积极主动、与小组同学分工协作为满分				
实验报告	15	符合要求，内容充实，字迹工整，独立完成为满分				
		总分（各项得分的平均值）				

五、问题情境

若所检测维生素 E 粉中铅含量未在标准曲线质量浓度范围内，该采取哪些措施解决？

参考答案

六、总结反馈

实验反思

实验过程中产生的问题，解决办法

心得体会

书网融合……

石墨炉原子吸收光谱法分析铅原始记录、计算和报告样稿

GB 5009.75—2014

GB 5009.12—2017

第四部分
功能食品功效成分的检测

实验二十三　滴定分析法测定维生素C片中维生素C的含量

PPT

一、学习目标

（一）知识目标

1. 掌握滴定分析的操作；碘量法测定维生素C含量的方法和一般步骤。

2. 熟悉维生素C含量检测的常用方法。

3. 了解维生素C及其功能作用。

（二）能力目标

1. 进一步规范滴定分析操作，能熟练独立应用碘量法进行维生素C片中维生素C含量测定。

2. 能正确计算维生素C含量，并能对结果作出正确的判定。

（三）素质目标

1. 在滴定分析过程中培养科学实务、严谨细致的工作作风和精益求精的工匠精神。

2. 在碘量法测定维生素C含量的实践中，培养实践能力和合法合规意识、分析问题和解决问题的能力。

二、基本知识

（一）维生素C概述

维生素C是一种具有抗氧化性质的水溶性维生素，也是一种对人体极为重要的营养物质，广泛存在于新鲜果蔬中，具有抗氧化、增强免疫力等作用。缺乏维生素C时人体易得坏血症，所以又称抗坏血酸。抗坏血酸有L(+)-抗坏血酸和D(-)-抗坏血酸，两者都具有强还原性，但只有L(+)-抗坏血酸对人体具有生物活性。L(+)-抗坏血酸极易被氧化为L(+)-脱氢抗坏血酸，L(+)-脱氢抗坏血酸亦可被还原为L(+)-抗坏血酸，统称为脱氢抗坏血酸。

维生素C为白色结晶或结晶性粉末，无臭，味酸，久置色渐变微黄。在水中易溶，水溶液显酸性；在乙醇中略溶，在三氯甲烷或乙醚中不溶。维生素C在pH5.5以下的酸性介质中较稳定，在中性和碱性溶液中容易被氧化，热、光照、金属离子（尤其是Fe^{3+}、Cu^{2+}等）可以促进氧化分解。

人体自身不能合成维生素C，只能通过合理膳食获得。补充维生素C的剂型包括维生素C片、维生素C泡腾片、维生素C咀嚼片、维生素C泡腾颗粒、维生素C颗粒等，可满足不同人群的个性化需求。

（二）维生素C检测方法

维生素C含量测定常用方法有2,6-二氯靛酚滴定法、碘量法、荧光法、高效液相色谱法等。

1. 2,6-二氯靛酚滴定法　用蓝色的碱性染料2,6-二氯靛酚标准溶液对含L(+)-抗坏血酸的试样酸性浸出液进行氧化还原滴定，2,6-二氯靛酚被还原为无色，当到达滴定终点时，多余的2,6-二氯靛酚在酸性介质中显浅红色，由2,6－二氯靛酚的消耗量计算样品中L(＋)－抗坏血酸的含量。

2. 碘量法　维生素C具有较强的还原性，可被碘定量氧化。以淀粉为指示剂，用碘标准滴定液滴定样品水溶液，根据碘标准滴定液的用量，计算以$C_6H_8O_6$计维生素C含量。

3. 荧光法　试样中L(＋)－抗坏血酸经活性炭氧化为L(＋)－脱氢抗坏血酸后，与邻苯二胺反应生成有荧光的喹喔啉，其荧光强度与L(＋)－抗坏血酸的浓度在一定条件下成正比，以此测定试样中L(＋)－抗坏血酸总量。

4. 高效液相色谱法　试样中的抗坏血酸用偏磷酸溶解超声提取后，以离子对试剂为流动相，经反相色谱柱分离，其中L(＋)－抗坏血酸和D(－)－抗坏血酸直接用配有紫外检测器的液相色谱仪（波长245nm）测定；试样中的L(＋)－脱氢抗坏血酸经L－半胱氨酸溶液进行还原后，用紫外检测器（波长245nm）测定L(＋)－抗坏血酸总量，或减去原样品中测得的L(＋)－抗坏血酸含量而获得L(＋)－脱氢抗坏血酸的含量。以色谱峰的保留时间定性，外标法定量。

维生素C含量测定，不同测定方法有不同的适用范围，应根据样品性质和检测要求选择合适的测定方法。

（三）滴定管的使用

1. 使用前检查　滴定管分为酸式滴定管或碱式滴定管，当前常用的是酸碱通用聚四氟乙烯塞滴定管。滴定管使用前首先要检漏，检查活塞转动是否正常。将滴定管装满水，垂直置于滴定管架上，静置2分钟后观察，管的下口有无水珠滴出，活塞两端缝隙有无水渗出，然后把活塞转动180°，观察，若两次均无漏出，可以使用。如果有水漏出，说明滴定管是漏液的，应旋紧聚四氟乙烯活塞。

2. 洗涤　先用自来水冲洗，若滴定管较脏，可用洗涤剂洗涤，必要时可以浸泡过夜，再用自来水冲洗后，用蒸馏水冲洗3次。

3. 装滴定液　用滴定液润洗滴定管3次，以除去滴定管内残留水分，保证滴定液的浓度不变。润洗时每次倒入滴定液5～10ml，并且必须从试剂瓶中直接倒入滴定管中，不能借用任何其他容器，以免滴定液浓度改变或受到污染。润洗完毕后，即可将滴定液直接倒入滴定管中，至“0”刻度线以上，静置2分钟。

若有气泡时要排除气泡，以免体积发生变化。酸碱通用滴定管排气泡方式如下：快速打开滴定管的活塞，使溶液快速冲出，将气泡排除。气泡排出后，再调节液面至0.00ml处或记下初读数，即可开始滴定分析。

4. 滴定操作　滴定时，先调节滴定管的高度，使其尖端插入锥形瓶口中约1cm，并能使右手握住锥形瓶颈部旋摇自如。使用酸碱通用滴定管时，用左手控制活塞，大拇指在前，示指和中指在后，轻轻向内扣住活塞，手心空握以防止活塞顶出；右手持锥形瓶，边滴定边旋摇。旋摇时，应向同一方向做圆周旋摇运动，以防溶液溅出。

开始滴定时，滴定速度可稍快，但应保持滴定液流出速度以“成滴不成线”为宜；滴定至近终点时，滴定速度应放慢，做到逐滴滴加，甚至半滴、四分之一滴缓慢滴加，而且用洗瓶吹入少量蒸馏水冲洗锥形瓶内壁，使附着的溶液淋下，以保证滴定终点准确无误。

5. 读数　读数时，应将滴定管取下，用右手拇指和示指捏住滴定管上部无刻度处，使滴定管垂直，读数。装满滴定液调零或滴定结束读数时，必须等30秒（附着在内壁上的溶液向下流完，液面稳定）后再调零或读取数值。

无色溶液在滴定管中的弯月面比较清楚，读数时，眼睛视线应与溶液弯月面下缘最低点在同一水平上；深色溶液的弯月面难以看清，可读液面的上缘。

滴定管的读数要估读到0.01ml，为减少误差，一次滴定的始末两次读数要由同一人用同样的方法读取，读数后立即记录在实验原始数据记录本。

6. 滴定后 滴定完毕，滴定管中剩余的溶液应倒入废液缸中，不能倒入原试剂瓶中。滴定管用水冲洗干净，倒夹在滴定管架上。

三、实践训练

本实验采用滴定分析法中的碘量法测定维生素C片中维生素C含量。

（一）任务分组

以小组为单位进行，建议每个小组2~3人，开始实验前初步确定每位同学在组内的具体分工。学生以小组为单位按照碘量法测定维生素C片中维生素C含量要求进行实验操作。

小组成员		任务分工
姓名	学号	

（二）实验材料与试剂

维生素C片（实验用样品）、稀醋酸、碘标准滴定液（0.05mol/L）、淀粉指示剂（新鲜配制）、蒸馏水。

（三）实验仪器与设备

电子分析天平、酸碱通用滴定管或棕色酸式滴定管、锥形瓶、量筒、洗瓶、研钵、容量瓶等。

（四）实验过程

1. 玻璃仪器的准备 实验中用到的滴定管试漏、洗涤；锥形瓶、量筒、容量瓶洗涤。滴定管应不漏液，所以玻璃仪器内壁应不挂水珠。

2. 润洗滴定管 将试剂瓶中碘标准滴定液充分摇匀，用该碘标准滴定液（0.05mol/L）润洗滴定管3次，以除去滴定管内残留水分，保证碘标准滴定液的浓度不变。润洗时每次倒入滴定液5~10ml，并且必须从试剂瓶中直接倒入滴定管中，不能借用任何其他容器，以免滴定液浓度改变或受到污染。

3. 装液、调零 润洗完毕后，将碘标准滴定液直接倒入滴定管中，至“0”刻度线以上，静置2分钟。排出气泡后，调节液面上缘至0.00ml处。

4. 供试品溶液的配制 取维生素C片10片，研细，混匀，精密称取适量（约相当于维生素C 0.2g），置100ml量瓶中，并记录称量重量 m；加新煮沸过的冷水100ml与稀醋酸10ml的混合液适量，振摇使维生素C溶解并稀释至刻度，摇匀，迅速过滤。

5. 滴定测定含量 精密量取供试品溶液50ml，加淀粉指示液1ml，立即用碘标准滴定液（0.05mol/L）滴定至溶液显蓝色，保持30秒不褪色为终点。将滴定管取下，用右手拇指和示指捏住滴定管上部无刻度处，使滴定管垂直，读数并记录消耗碘标准滴定液的体积 V。

同时做空白试验，除不加样品外，其他步骤与样品测定相同，记录空白试验消耗碘标准滴定液的体积 V_0。

6. 滴定后处理 滴定完毕，将滴定管中剩余的碘标准滴定液倒入废液缸中。滴定管用水冲洗干净，倒夹在滴定管架上。

（五）实验结果

1. 原始数据表　供试品溶液一式两份，测定结果原始数据见表23－1。

表23－1　原始数据表

	第一次	第二次
滴定供试品溶液消耗碘标准溶液体积（ml）		
滴定空白溶液消耗碘标准溶液体积（ml）		
碘标准溶液浓度（mol/L）		
维生素C片称样量（g）		

2. 结果计算　维生素C片中维生素C（以$C_6H_8O_6$计）含量（以%表示），按下式计算。

$$X=\frac{(V-V_0)\times c\times 2\times M}{m\times 1000}\times 100\%$$

式中，X为维生素C含量，%；V为滴定用供试品溶液消耗的碘标准滴定液的体积，ml；V_0为空白试验消耗的碘标准滴定液的体积，ml；c为碘标准滴定液的浓度，mol/L；M为维生素C的摩尔质量，g/mol，（$M=176.12$）；m为维生素C片称样量，g。

取平行测定结果的算术平均值为测定结果，两次平行测定结果的绝对差值应不大于0.3%。

样品中维生素C的测得量大于等于标示量，即合格。如小于标示量，为不合格。

（六）注意事项

1. 滴定操作应规范。
2. 溶解维生素C的水必须是新鲜煮沸并放冷的去离子水，以减少水中溶解的氧对结果的影响。
3. 加入稀醋酸可减少维生素C被空气中的氧所氧化，但样品溶于稀醋酸后仍然需要立即进行滴定。

四、效果评价

项目	分值	评分标准	个人自评	小组互评	教师评价	各项得分
出勤纪律	10	能严格遵守实验纪律和安全规则，无任何违纪现象为满分				
操作技能	50	完全符合实验规定操作要求，能熟练规范进行滴定操作，能依法配制溶液为满分				
实验结果	15	能规范记录原始数据，正确计算实验结果，准确判定结果为满分				
实验态度	10	实验中态度端正，不怕累、不怕苦，实验中积极主动、与小组同学分工协作为满分				
实验报告	15	符合要求，内容充实，字迹工整，独立完成为满分				
		总分（各项得分的平均值）				

五、问题情境

参考答案

1. 碘量法测定维生素C含量时，若未使用新煮沸过的冷水溶解样品，对滴定结果会有什么影响？

2. 三天前配制的淀粉指示剂出现沉淀，是否还能用于实验？

3. 碘量法在实际应用中有直接碘量法和间接碘量法两种滴定方式，两者加入淀粉指示剂的方式有何不同?

六、总结反馈

实验反思
实验过程中产生的问题，解决办法 心得体会

书网融合……

GB 5009. 86—2016

GB 14754—2010

实验二十四　紫外－可见吸收光谱标准曲线法测定叶黄素功能软糖中叶黄素的含量 PPT

一、学习目标

（一）知识目标

1. 掌握紫外－可见分光光度计的操作、标准曲线法定量分析法在紫外－可见吸收光谱中的应用。
2. 熟悉标准曲线制作及其测定。
3. 了解紫外－可见吸收光谱法的基本知识。

（二）能力目标

1. 学会分光光度计的正确规范使用，能熟练独立进行紫外－可见吸收光谱法标准曲线的制作，并能进行叶黄素功能软糖中叶黄素含量的检测。
2. 能熟练应用紫外－可见吸收光谱标准曲线法处理分析结果，并能对结果作出正确的判定。

（三）素质目标

1. 能精确地制作标准曲线，培养精益求精的精神。
2. 能规范操作，确保检测数据的真实、准确、可靠，培养实践能力和合法合规意识。

二、基本知识

（一）紫外－可见吸收光谱法概述

1. 吸收光谱的产生　紫外－可见吸收光谱法属于分子吸收光谱法，是利用分子对外来辐射的吸收建立起来的分析方法，是基于测量物质对190～800nm波长范围内的紫外－可见光的吸收，以朗伯－比尔定律为理论基础，对物质进行定性和定量分析的仪器分析方法。

紫外－可见吸收光谱是由分子外层价电子跃迁产生的。当被测物质分子吸收紫外－可见区的辐射后，产生价电子跃迁，从低能级跃迁到高能级，产生吸收光谱。

被测物质的结构不同，其电子跃迁方式不同，则产生不同的吸收光谱。一般可以通过吸收光谱的不同对被测物质进行定性分析，通过被测物质特有的吸收光谱的吸收值，进行定量分析。

2. 朗伯－比尔定律　物质对光的吸收遵循朗伯－比尔定律。当一束平行单色光通过一定浓度的均匀溶液时，入射光强度I_0与透过光强度I比值的对数与吸光物质的浓度及液层厚度成正比，用公式表达为

$$A = \lg (I_0/I) = \varepsilon cL$$

式中，A为吸光度；L为液层厚度；c为吸光物质的浓度（mol/L）；ε为摩尔吸收系数。

在特定的波长和溶剂情况下，摩尔吸收系数ε是吸光分子（或离子）的特征常数。定量分析时A的范围一般为0.3～0.7，L为吸收池的厚度，一般为1cm。

（二）定量分析方法

紫外－可见吸收光谱法的定量分析方法包括标准曲线法、对照品比较法、吸收系数法和比色法等。

1. 标准曲线法 是紫外－可见分光光度法中最经典的方法。

（1）测定方法 标准曲线法测试，首先用与被测物质含有相同组分的标准品配制一系列不同浓度的对照品溶液（或称标准溶液），以空白溶液为参比，在选定的波长下，在相同条件下分别测定系列标准溶液的吸光度。以浓度 c 为横坐标，以相应的吸光度 A 为纵坐标，绘制 $A-c$ 曲线（又称工作曲线或校正曲线），求出其线性回归方程和相关系数，即得标准曲线，相关系数 r 应 $\geqslant 0.99$。在实际应用中常用 Excel 作图法直接得出线性回归方程和相关系数。

在相同的条件下，测定供试品溶液的吸光度，带入直线方程即可求得供试品溶液中被测成分的浓度。

（2）标准曲线法应注意的问题 制备一条标准曲线至少需要 5 ~ 7 个点，并不得随意延长，所以通常配制 5 ~ 7 系列标准溶液；待测溶液浓度应在标准曲线线性范围内；待测溶液和对照品溶液必须在相同条件下进行测定。

根据朗伯－比尔定律，理想的标准曲线应该是一条通过原点的直线。实际上，常有标准曲线不通过原点的现象。其原因主要有几方面，如空白溶液的选择不当，显色反应的灵敏度不够，吸收池的光学性能不一致等，应采取适当措施加以改善。

标准曲线法操作简单，对仪器的精度要求不高，在功能食品功效成分含量测定中应用广泛，适合分析大批量的同类试样，但不适合分析组成复杂的样品。

2. 对照品比较法（也称标准对照法） 在同样条件下，分别配制已知浓度的对照品溶液和未知浓度的供试品溶液，且对照品溶液中所含被测成分的量应为供试品溶液中被测成分量的 100% ±10%，在规定的波长处测定供试品溶液和对照品溶液的吸光度，计算出供试品中被测成分的浓度。

对于同一物质，使用同一仪器及同一波长，因此，ε 和 L 相同，所以计算公式为 $A_{对照}/A_{供试品}=c_{对照}/c_{供试品}$，要求单位统一。

3. 吸收系数法 配制供试品溶液，测定所配供试品溶液在规定波长的吸光度，根据被测成分在规定条件下的吸收系数（对于特定化合物吸收系数为一常数）计算其含量。用本法测定时，吸收系数通常应大于 100，并注意仪器的校正和检定。

4. 比色法 供试品本身在紫外－可见光区没有强吸收，或在紫外区虽有吸收，但为了避免干扰或提高灵敏度，可加入适当的显色剂显色后，使反应产物的最大吸收移至可见光区，这种测定方法称为比色法。用比色法测定时，由于显色时影响显色深浅的因素较多，供试品与对照品或标准品应同时操作。

（三）紫外－可见分光光度计仪器结构和使用

1. 紫外－可见分光光度计仪器结构 分光光度法所采用的仪器称为分光光度计。紫外－可见分光光度计的型号很多，但基本结构都由光源、单色器、吸收池、检测器和信号处理及显示系统五部分组成。

（1）光源 光源的作用是提供符合要求的入射光。分光光度计对光源的要求是，在使用波长范围内提供连续光谱，光强度足够大，有良好的稳定性，使用寿命长。分光光度计中常用的光源有两类，热辐射光源和气体放电光源。热辐射光源发射波长 320 ~ 3200nm（使用波长范围 320 ~ 1000nm）的连续光源，用于可见光区，如钨灯、碘钨灯；气体放电光源发射波长 160 ~ 375nm（使用波长范围 185 ~ 375nm）的连续光源，用于紫外光区，如氢灯、氘灯、氙灯，紫外、可见光区均可用作光源。

灯的使用寿命一般是2000小时。可见分光光度计（如721型）只需安装可见光源（钨灯），紫外－可见分光光度计需要同时安装可见光源（钨灯）和紫外光源（氘灯）。

（2）单色器　将光源发射的复合光分解成单色光并可从中选出任一波长单色光的光学系统。它是分光光度计的核心部件，其性能直接影响入射光的单色性，从而影响测定的灵敏度、选择性和准确度。

单色器主要由狭缝、色散元件和透镜系统组成，其核心部分是起分光作用的色散元件，包括棱镜和光栅两种，将复合光分解为各种波长的单色光。

不同波长光通过棱镜时折射率（波长越长，折射率越小）不同，将复合光中所包含的各种波长的光，从长波到短波依次分散成一个由红到紫的连续光谱。短波间的距离较大，长波间的距离较小。

光栅是在镀铝的玻璃表面刻有数量很大的等宽度等间距条痕（600、1200、2400条/毫米）。利用光通过光栅时发生衍射和干涉现象而分光。

狭缝在决定单色器的性能上起着重要作用，狭缝宽度过大时，谱带宽度过大，入射光单色性差，狭缝宽度过小时，又会减弱光强度。

（3）吸收池　又称比色皿或样品池，分光光度分析中盛放待测溶液的容器。一般为长方形，其底及两侧为毛玻璃，另两面为光学透光面。根据光学透光面的材质，吸收池分为玻璃吸收池和石英吸收池两种。玻璃吸收池只能用于可见光区，石英吸收池可用于紫外光区和可见光区。分光光度计常用的吸收池规格有0.5cm、1cm、2cm和3cm等，使用时根据需要选择。由于吸收池透光面的光学特性及光程长度上的差异性，相同规格的吸收池，测量同一浓度的溶液往往吸光值不同。因此，吸收池要配套使用并在使用前对其进行校正。使用吸收池时应用拇指和示指轻握吸收池的粗糙面，用擦镜纸擦干外壁后待用。

（4）检测器　是一种光电转换元件，其作用是将透过吸收池的光强度信号变成电信号并进行测量，其输出信号的大小与透过光的强度成正比。目前，分光光度计常用的检测器是光电管和光电倍增管、二极管列阵等。

（5）信号显示系统　信号显示系统的作用是把放大了的电信号以适当的方式显示或记录下来。分光光度计常用的信号显示装置有直流检流计、电位调零装置、数字显示及自动记录装置等。先进的分光光度计配有计算机，一方面可以对仪器进行控制，另一方面可以进行图谱储存和数据处理。

2. 紫外－可见分光光度计的操作　紫外－可见分光光度计的型号很多，但基本操作包括开机、自检→仪器预热→设定检测波长→校正→样品测定→关机等。

（1）开机、自检　开机前检查光路中有无异味，有异物应取出。先开仪器电源开关，有工作站的点击工作站图标，仪器开始初始化自检，自检通过，否则仪器无法工作。仪器初始化时不能打开样品室的盖子。

（2）预热　预热后光源稳定，根据仪器说明书上的要求预热。

（3）设定检测波长　含量测定时选择光度测定模式，设置检测波长。

（4）校正　也称为校零或校基线，将装有空白溶液的吸收池放入仪器中校正，排除溶剂、容器等对吸光度测定的影响。

（5）样品测定　倒出比色皿中的空白溶液，用样品溶液润洗三次后，装入样品溶液，擦镜纸擦干净外壁后置于光路中，测定吸光度值，记录原始数据。

（6）关机　有电脑和工作站的退出工作站、关闭电脑，关闭仪器及其电源。最后清洁台面并取出吸收池清洗干净。

三、实践训练

本实验采用紫外 - 可见吸收光谱外标标准曲线法测定叶黄素功能软糖中叶黄素含量。

（一）任务分组

以小组为单位进行，建议每个小组 2 ~ 3 人，开始实验前初步确定每位同学在组内的具体分工。学生以小组为单位按照叶黄素功能软糖中叶黄素含量测定要求进行实验操作。

小组成员		任务分工
姓名	学号	

（二）实验材料与试剂

叶黄素功能软糖（实验用样品，叶黄素含量 5mg/粒）、叶黄素工作标准品、无水乙醇、蒸馏水。

（三）实验仪器与设备

紫外 - 可见分光光度计、超声波清洗仪、容量瓶、电子分析天平等。

（四）实验过程

1. 溶液的配制

（1）系列标准溶液　叶黄素工作对照品用无水乙醇配制成叶黄素浓度分别为 1.5μg/ml、2.0μg/ml、2.5μg/ml、3.0μg/ml、3.5μg/ml、4.0μg/ml、4.5μg/ml 的溶液。以无水乙醇为空白，用 1cm 比色皿，在最大吸收波长（445nm）处测定其吸光值，以叶黄素浓度 c 为横坐标，对应的吸收值 A 为纵坐标绘制成叶黄素 $A-c$ 的标准曲线。

（2）样品溶液　将一定量的叶黄素功能软糖粉碎、均质。准确称取 1.5g（精确至 0.01g）叶黄素功能软糖均匀试样，加水 10ml 搅拌成匀浆状，在 60℃条件下超声溶解 5 分钟，冷却后，分 3 次加入无水乙醇提取叶黄素，每次 10ml 无水乙醇，将提取液合并于 100ml 容量瓶中，定容，摇匀，过滤。取 5ml 上述滤液至 50ml 容量瓶中，用无水乙醇定容至刻度，摇匀。

2. 测定　以 721G 型可见分光光度计操作为例，操作步骤如下。

（1）开机　插上电源插头，按下开机键，开启电源，仪器自检和预热 30 分钟。

（2）设定参数　设定测定波长为 445nm。

（3）校零　将空白溶液（无水乙醇）倒入比色皿中约占 3/4 体积，将比色皿外壁擦拭干净，打开样品室盖，插入比色皿槽中，盖上样品室盖。“光路”对准空白溶液，按 T 模式调零，开盖调 0% T，盖上样品室盖调 100% T。

（4）样品测量　选吸光度 A 模式，取出比色皿，用待测样品溶液润洗三次后，将待测样品溶液倒入比色皿中约占 3/4 体积，将比色皿外壁擦拭干净，打开样品室盖，使光路对准样品溶液，点击测定，显示吸光度值，记录该数值。

（5）系列标准溶液测量　按照样品测量方法测定系列标准溶液的吸光度。以测得的系列标准溶液吸光度为纵坐标，对应的叶黄素标准溶液浓度为横坐标，利用 Excel 软件绘制标准曲线，求出线性方程和线性相关系数。

（6）关机　测试完毕后，关闭电源，清理现场。

（五）结果计算

1. 原始数据表　将系列标准溶液和样品溶液在最大吸收波长 445nm 处测得的吸光度分别对应填入表 24－1，并利用 Excel 软件绘制标准曲线，求出线性回归方程和相关系数。将样品溶液测得的吸光度带入线性方程中，计算出样品溶液中叶黄素的浓度。

表 24－1　原始数据表

序号	浓度 c（μg/ml）	吸光度 A
1	1.5	
2	2.0	
3	2.5	
4	3.0	
5	3.5	
6	4.0	
7	4.5	
8（样品溶液）		

2. 结果计算　叶黄素功能软糖中叶黄素含量按下式计算。

$$X = \frac{c \times 1000 \times 100}{m \times 1000 \times 100}$$

式中，X 为叶黄素含量，g/100g；c 为从标准曲线中计算出的样品溶液中叶黄素浓度，μg/ml；m 为叶黄素功能软糖的称样量，g。

样品中叶黄素的测得量大于等于标示量，即合格。如小于标示量，为不合格。

（六）注意事项

1. 样品溶液制备过程，提取要完全，减少测量误差。

2. 标准曲线制作过程中，标准溶液的配制要规范精确。待测样品溶液浓度应在标准曲线线性范围内，如果超出范围，应重新稀释制备样品溶液。

3. 比色皿透光面一定要用擦镜纸，避免划伤，影响测定结果。

四、效果评价

项目	分值	评分标准	个人自评	小组互评	教师评价	各项得分
出勤纪律	10	能严格遵守实验纪律和安全规则，无任何违纪现象为满分				
操作技能	50	完全符合实验规定操作要求，能熟练正确操作分光光度计，能依法配制溶液为满分				
实验结果	15	能规范记录原始数据，正确计算实验结果，准确判定结果为满分				
实验态度	10	实验中态度端正，不怕累、不怕苦，实验中积极主动、与小组同学分工协作为满分				
实验报告	15	符合要求，内容充实，字迹工整，独立完成为满分				
		总分（各项得分的平均值）				

五、问题情境

1. 紫外－可见分光光度计检测过程中应注意哪些事项？
2. 标准曲线的制作过程中如何做到更精确？

参考答案

六、总结反馈

实验反思
实验过程中产生的问题，解决办法
心得体会

实验二十五　紫外－可见吸收光谱吸收系数法测定叶黄素功能软糖中叶黄素的含量

PPT

一、学习目标

（一）知识目标

1. 掌握紫外－可见吸收光谱吸收系数法的定量分析方法及其基本操作。
2. 熟悉吸收系数法及其测定。
3. 了解紫外－可见吸收光谱吸收系数法的基本原理。

（二）能力目标

1. 学会分光光度计的正确规范使用，能熟练独立运用吸收系数法进行叶黄素功能软糖中叶黄素含量检测。

2. 能熟练灵活应用紫外－可见吸收光谱吸收系数法处理分析结果，并能对结果作出正确的判定。

（三）素质目标

1. 能精确地运用吸收系数法进行功效成分的检测，培养灵活运用、勇于创新的精神。

2. 能规范操作，确保检测数据的真实、准确、完整，提高数据分析能力，培养规范、科学、真实的工作态度。

二、基本知识

（一）光吸收定律概述

当一束平行单色光垂直通过溶液时，溶液对光的吸收程度与溶液浓度和液层厚度的乘积成正比，即朗伯－比尔定律。朗伯－比尔定律是紫外－可见吸收光谱法的理论基础和定量分析的依据。朗伯－比尔定律用公式表示为 $A=KcL$，A 为吸光度，c 为溶液浓度，L 为光程长（也就是比色皿的厚度，或液层厚度），K 为吸收系数。吸收系数有两种表示方法，摩尔吸收系数和百分吸收系数。

当 c 的单位为 g/L，L 的单位为 cm 时，则 $A=aLc$，比例系数 a 称为百分吸收系数，单位为 L/(g·cm)。其数值为浓度为 1g/L，液层厚度为 1cm 时溶液在某一波长下的吸光度值。

当 c 的单位为 mol/L，L 的单位为 cm 时，则 $A=\varepsilon Lc$，比例系数 ε 称为摩尔吸收系数，单位为 L/(mol·cm)。其数值为浓度为 1mol/L，液层厚度为 1cm 时溶液在某一波长下的吸光度值。数值上 ε 等于 a 与吸光物质的摩尔质量的乘积。ε 值取决于入射光的波长和吸光物质的吸光特性，亦受溶剂和温度的影响。ε 越大，表明该溶液吸收光的能力越强，相应的分光度法测定的灵敏度就越高。在一定条件（单色光波长、溶剂、温度等）下，吸收系数是物质的特性常数，可作为物质定性的依据。

（二）吸收系数

吸收系数指吸光物质在单位浓度及单位厚度时的吸光度。根据朗伯－比尔定律，若已知液层厚度 L

和百分吸收系数或摩尔吸收系数，即可根据供试品溶液测得的 A 值求出被测组分的浓度 $c = A/KL$。

许多化合物的摩尔吸收系数或百分吸收系数可以从有关手册或文献中查到。也可以将供试品溶液的吸光度换算成样品的百分吸收系数或摩尔吸收系数，然后与纯品的吸收系数相比计算出样品中被测组分含量。

（三）吸收系数法

按方法规定的要求配制供试品溶液，在规定的波长处测定其吸光度，再以该品种在规定条件下的吸收系数计算含量。用本方法测定时，吸收系数通常应大于100，并注意仪器的校正和检定。例如，分光光度吸收系数法测定越橘中花色素的含量，飞燕草素吸收系数为1020。本实验吸收系数法测定叶黄素含量，吸收系数为2550。

三、实践训练

本实验采用紫外－可见吸收光谱吸收系数法测定叶黄素功能软糖中叶黄素含量，已知叶黄素的乙醇溶液在波长445nm的吸收系数为2550。

（一）任务分组

以小组为单位进行，建议每个小组2～3人，开始实验前初步确定每位同学在组内的具体分工。学生以小组为单位按照吸收系数法测定叶黄素功能性软糖中叶黄素含量要求进行实验操作。

小组成员		任务分工
姓名	学号	

（二）实验材料与试剂

叶黄素功能软糖（实验用样品，叶黄素含量5mg/粒）、无水乙醇、蒸馏水。

（三）仪器和设备

紫外－可见分光光度计、超声波清洗仪、电子天平、容量瓶等。

（四）实验过程

1. 溶液的配制 将一定量的叶黄素功能软糖粉碎、均质。准确称取1.5g（精确至0.01g）叶黄素功能软糖均匀试样，加水10ml搅拌成匀浆状，在60℃条件下超声溶解5分钟，冷却后，分3次加入无水乙醇提取叶黄素，每次10ml无水乙醇，将提取液合并于100ml容量瓶中，定容，摇匀，过滤。取5ml上述滤液至50ml容量瓶中，用无水乙醇定容至刻度，摇匀。

2. 测定 以721G型可见分光光度计操作为例，操作步骤如下。

（1）开机 插上电源插头，按下开机键，开启电源，仪器自检和预热30分钟。

（2）设定参数 设定测定波长为445nm。

（3）校零 将空白溶液（无水乙醇）倒入比色皿中约占3/4体积，将比色皿外壁擦拭干净，打开样品室盖，插入比色皿槽中，盖上样品室盖。“光路”对准空白溶液，按T模式调零，开盖调0%T，盖上样品室盖调100%T。

（4）样品测量 选吸光度 A 模式，取出比色皿，用待测样品溶液润洗三次后，将待测样品溶液倒入比色皿中约占3/4体积，将比色皿外壁擦拭干净，打开样品室盖，使光路对准样品溶液，点击测定，显示吸光度值，记录该数值。

（5）关机　测试完毕后，关闭电源，清理现场。

（五）实验结果

1. 原始数据表　叶黄素功能软糖中叶黄素含量测定实验原始数据如表25－1所示。

表25－1　原始数据表

序号	样品称量（g）	吸光度 A
1		
2		
3		

2. 结果计算　吸收系数法测定叶黄素功能软糖中叶黄素含量，按下式计算。

$$X（\%）=\frac{A\times 1000}{2550\times W}$$

式中，A为样品溶液在445nm的吸光值；1000为稀释倍数；2550为叶黄素无水乙醇溶液在445nm的吸收系数；W为叶黄素功能软糖的称样量，g。

样品中叶黄素的测得量大于等于标示量，即合格。如小于标示量，为不合格。

（六）注意事项

1. 样品制备过程，提取要彻底，减少提取导致的检测误差。
2. 吸收系数法，无需对照品，方法简便，但对仪器要求高。
3. 同一物质在不同溶液不同波长条件下的光吸收不同，吸收系数也不同。

四、效果评价

项目	分值	评分标准	个人自评	小组互评	教师评价	各项得分
出勤纪律	10	能严格遵守实验纪律和安全规则，无任何违纪现象为满分				
操作技能	50	完全符合实验规定操作要求，能熟练正确操作分光光度计，能依法配制溶液为满分				
实验结果	15	能规范记录原始数据，正确计算实验结果，准确判定结果为满分				
实验态度	10	实验中态度端正，不怕累、不怕苦，实验中积极主动、与小组同学分工协作为满分				
实验报告	15	符合要求，内容充实，字迹工整，独立完成为满分				
		总分（各项得分的平均值）				

五、问题情境

1. 吸收系数与哪些因素有关？如何确定吸收系数？
2. 采用紫外－可见光谱法进行定量分析检测，其吸收系数法和标准曲线法有何不同？

参考答案

六、总结反馈

实验反思
实验过程中产生的问题，解决办法 心得体会

实验二十六　气相色谱内标法测定维生素 E 粉中维生素 E 的含量

PPT

一、学习目标

（一）知识目标

1. 掌握内标法的定量分析方法；气相色谱法分析的基本操作。

2. 熟悉校正因子及其测定；气相色谱仪的基本组成和结构。

3. 了解维生素 E 及其保健功能。

（二）能力目标

1. 学会气相色谱分析法的基本工作流程，并能按照气相色谱内标法的操作规程进行维生素 E 粉中维生素 E 含量的检测。

2. 掌握气相色谱法内标法定性和定量分析的基本原理，并能灵活运用内标法进行定性分析和定量计算，并能对结果作出正确的判定。

（三）素质目标

1. 能对气相色谱法检测参数、检测条件等进行设定、优化。

2. 能规范操作，确保检测数据的真实、准确，培养精益求精的精神及严谨的态度。

二、基本知识

（一）气相色谱法概述

气相色谱法是色谱法的一种，它是以惰性气体（N_2、He、H_2）为流动相（载气）流经装有填充剂的色谱柱进行分离测定的柱色谱分离分析方法。

物质或其衍生物汽化后被载气带入色谱柱，由于各组分在流动相（气相）和固定相（液相或固相）之间分配或吸附系数的差异，在色谱柱中移动有快有慢，在载气的冲洗下，各组分在两相间进行反复多次分配，经一定柱长后得到分离，依次被载气带入检测器，将各组分浓度或质量变化转换成电信号变化记录成色谱图，利用色谱峰保留值进行定性分析，利用峰面积或峰高进行定量分析的方法。

气相色谱法适用于热稳定性好的易挥发性或可转化为易挥发性组分的分析。气相色谱法可测定食品中的脂肪酸、农药残留，食品添加剂、香精香料等易挥发的成分。或者可转化为易挥发组分，比如食品中甜蜜素（环己基氨基磺酸钠）的测定时，甜蜜素沸点高难汽化，需要在硫酸介质中将甜蜜素与亚硝酸反应，生成环己醇亚硝酸异戊酯，利用气相色谱法测定。

（二）气相色谱仪组成

气相色谱法所用的仪器为气相色谱仪，由气路系统、进样系统、分离系统（色谱柱）、温控系统、检测器和数据处理系统等组成。其中，被测组分能否分开，关键在于色谱柱；分离后组分能否鉴定出来则在于检测器，所以色谱柱和检测器是仪器核心部件。进样系统、色谱柱和检测器的温度均应根据分析要求适当设定。

1. 气路系统 气相色谱仪的气路系统是一个载气连续运行的密闭管路系统，主要包括气源和气路控制系统。气源分为载气和辅助气，载气即为气相色谱的流动相，它携带分析试样通过色谱柱，提供试样在柱内运行的动力，并且参与组分的分离和检出过程。辅助气是提供检测器燃烧或吹扫用的，所以直接进入检测器。气相色谱对各种气体纯度的要求较高，作载气的氮气、氢气或氦气纯度要达到99.999%，因为气体中的杂质会增大检测器噪声，对色谱柱性能有影响。辅助气如果不纯，更会增大背景噪声，降低检出灵敏度，减小检测器的线性范围，严重时会污染检测器。因此，实际使用时都会在气源与仪器之间连接气体净化装置。目前常用载气有氮气、氢气、氦气和氩气；辅助气有氧气或空气。

载气通常需要净化、稳压控制和测量流量几个环节。载气的减压与净化，主要用来将瓶内压力降至使用压力（减压阀）和提高载气纯度（净化管）。载气需经过装有活性炭、分子筛或硅胶的净化器，以除去载气中的水、氧、油等不利的杂质。

载气的稳定单靠减压阀控制流速比较困难，需要串联稳压阀稳定载气流速，精确控制气体的流速。载气的流速一般是用转子流速计和皂膜流量计控制。

高压钢瓶供给的流动相载气，经减压阀、净化器、稳压阀、流量调节器和转子流速计后，以稳定的压力、恒定的流速连续流过汽化室、色谱柱、检测器，最后放空。

2. 进样系统 作用是将气体、液体或固体样品定量引入色谱系统，并使样品有效汽化，然后载气会快速定量将样品“扫入”色谱柱进行分析。进样量大小、进样时间长短、样品汽化速度、样品浓度等均会影响色谱分离效率以及定量结果的准确性和重现性。气相色谱仪的进样系统包括进样口和汽化室。

（1）进样口 目的是将样品汽化并引入载气流中，可使用多种类型的进样口，最常用的是分流/不分流进样口。分流/不分流进样口有四种操作模式，即分流模式、不分流模式、脉冲不分流和脉冲分流。分流模式时样品分成两部分，一小部分样品进入色谱柱，大部分样品通过分流出口排出，当样品含量较高或对样品不了解时选择分流模式；不分流模式是几乎全部样品进入色谱柱，进行痕量分析时选择不分流模式；脉冲不分流是在进样期间，进样口维持较高的压力，当快速将样品吹入色谱柱后压力恢复柱流量对应的压力，当进行痕量分析并希望大体积进样或希望加快进样速度时推荐选择脉冲不分流；脉冲分流是在进样期间，进样口维持较高的压力，当快速将样品吹入色谱柱后压力恢复柱流量对应的压力，当样品含量较高并希望加快进样速度时推荐选择脉冲分流。

（2）进样方式 一般可采用溶液直接进样、自动进样或顶空进样。溶液直接进样采用微量注射器、微量进样阀或有分流装置的汽化室进样；采用溶液直接进样或自动进样时，进样口温度应高于柱温30～50℃；进样量一般不超过数微升；柱径越细，进样量应越少，采用毛细管柱时，一般应分流以免过载。

顶空进样适用于固体和液体供试品中挥发性组分的分离和测定。将固态或液态的供试品制成供试液后，置于密闭小瓶中，在恒温控制的加热室中加热至供试品中挥发性组分在液态和气态达到平衡后，由进样器自动吸取一定体积的顶空气注入色谱柱中。

（3）汽化室 汽化室的作用是将液体样品在汽化室中瞬间汽化为蒸气而不分解，再由载气将汽化后的样品蒸气带入色谱柱进行分析。汽化室要求热容量要大，而死体积尽可能小，无催化效应，压力和温度稳定且能自动控制。汽化室温度最好保持在瞬间使试样汽化，但不发生热分解的最高温度，通常比样品成分的最高沸点高10～50℃为宜。

3. 分离系统 气相色谱的分离系统由色谱柱和柱温箱组成。色谱柱的主要作用是将多组分样品分离为单一组分分析样品。色谱柱由柱管和装填在其中的固定相所组成。由于混合物各组分的分离是在这里完成的，所以色谱柱是色谱仪的核心部件。

（1）色谱柱　一般分为填充柱和毛细管柱。填充柱的材质为不锈钢或玻璃，内装有颗粒均匀的固定相。一般内径为2～4mm，柱长2～4m。填充柱的形状有U型和螺旋形两种，填充柱制备简单，可供选择的固定相种类多，柱容量大，分离效率也足够高，应用普遍。

毛细管柱，又叫空心柱，是将固定液均匀地涂在内径0.05～0.5mm的毛细管内壁而成，毛细管材料可以是不锈钢、玻璃或石英。毛细管色谱柱渗透性好，传质阻力小，可以长几十米（5～60m）。与填充柱相比，其分离效率高（理论塔板数可达10^6）、分析速度快、样品用量小，但柱容量低、对检测器的灵敏度要求高，制备难度大。

色谱柱固定液的选择：一般可按“相似相溶”原则来选择。固定液的种类按极性相似、化学官能团相似的相似性原则和主要差别选择。常用固定液有甲基聚硅氧烷、聚乙二醇等。固定液的涂层厚度一般为高沸点化合物宜选择涂层厚度薄些的，低沸点化合物选择涂层厚度厚些的。绝对避免柱温高于最高使用温度，否则会使固定相流失。

高温使色谱柱中残留溶剂及杂质挥发除去称为老化。新填充柱和毛细管柱在使用前需老化处理，以除去残留溶剂及易流失的物质，色谱柱如长期未用，使用前应老化处理，使基线稳定。

（2）柱温箱　一般为配备隔热层的不锈钢壳体，内装恒温风扇和测温热敏元件，由电阻丝加热，电子线路控温。其中可同时安装多根色谱柱。由于柱温箱温度的波动会影响色谱分析结果的重现性，因此柱温箱控温精度应在±1℃，且温度波动小于每小时0.1℃。

4. 温控系统　在气相色谱测定中，温度是重要的指标，它直接影响色谱柱的选择性和分离效率、检测器的灵敏度和稳定性。在气相色谱分析中，控制温度主要指对色谱柱、汽化室、检测器三处的温度控制。尤其是对色谱柱的控温精度要求很高，直接影响色谱柱的选择性和分离效率。

色谱柱通常放在柱温箱中，以提供可以改变的、均匀的恒定温度。柱温箱使用温度为室温至450℃，色谱柱的温度控制方式有恒温和程序升温两种。恒温分析是在整个分析过程中，色谱柱柱温保持恒定，升温速率设为“0”。有时，色谱柱仅停留在一恒定温度条件下不能实现沸点范围很宽混合物的完全分离，程序升温即可解决此问题。所谓程序升温，指在一个分析周期里色谱柱的温度随时间由低温到高温线性或非线性变化，升温速率为1～30℃/min，从而使宽沸程的不同组分在各自最佳的柱温条件下流出，改善分离效果，缩短分析时间。对于沸点范围很宽的混合物，往往采用程序升温法进行分析。程序升温分析的缺点是增加柱流失，引起基线漂移。

汽化室温度应使试样瞬间汽化而又不分解。一般情况下，汽化室的温度要比柱温高30～70℃。

检测器的温度应与色谱柱箱温度相同或稍高，以防止试样组分在检测系统内冷凝。现代气相色谱仪中，色谱柱、汽化室和检测器都有独立的恒温调节装置。

5. 检测系统　混合组分经色谱柱分离后依次进入检测器，检测器作用是识别不同于载气的组分的存在，并将其浓度或质量随时间的变化转化成相应的电信号，经放大显示，给出色谱流出曲线。适合气相色谱法的检测器主要有火焰离子化检测器（FID）、热导检测器（TCD）、电子捕获检测器（ECD）、氮磷检测器（NPD）、火焰光度检测器（FPD）和质谱检测器（MS）等。

根据检测原理不同，检测器分为两类：浓度型检测器和质量型检测器。浓度型检测器测量组分浓度的瞬间变化，即检测器的响应值和组分的浓度成正比，如热导池检测器（TCD）和电子捕获检测器（ECD）。质量型检测器测量组分进入检测器的速度变化，即检测器的响应值和单位时间内进入检测器的组分的质量成正比，如火焰离子检测器（FID）和氮磷检测器（NPD）。

火焰离子化检测器（FID）对碳氢化合物响应良好，适合检测大多数含碳有机化合物；氮磷检测器（NPD）对含氮、磷元素的化合物灵敏度高；火焰光度检测器（FPD）对含磷、硫元素的化合物灵敏度高；电子捕获检测器（ECD）适于含卤素的化合物；质谱检测器（MS）还能给出供试品某个成分相应的结构信息，可用于结构确证。除另有规定外，一般用火焰离子化检测器（FID），用氢气作为燃气，空气作为助燃气。在使用火焰离子化检测器时，检测器温度一般应高于柱温，并不得低于150℃，以免水汽凝结，通常为250～350℃。

6. 数据处理系统 通过使用专用软件将检测器信号转换成色谱图并进行定性定量分析。一般软件工作站是一套集仪器控制、数据采集、数据分析及对某一分析仪器自动分析或定制等功能于一体的软件。

数据处理系统最基本的功能是将检测器输出的信号转换成色谱图并进行定性定量分析。现在最常用的就是色谱工作站，通过使用专用软件集仪器控制、数据采集、数据分析等功能于一体。

（三）定性、定量方法

1. 定性分析

（1）利用保留时间定性 在相同的测定条件下，供试品中组分与对照品的保留时间相同，说明两者可能为同一组分。对于复杂的多组分样品，可利用极性相差较大的两根色谱柱进行定性。但载气流速、柱温及柱温的微小波动都会导致保留时间变化，因此要求条件恒定。

（2）利用相对保留时间定性 相对保留时间指供试品中待测组分的保留时间扣除死时间后与内标物保留时间扣除死时间后的比值。相对保留时间只受固定相的种类和温度的影响，是理想的定性参数。

（3）联用定性 气相色谱还可与MS、IR等联用，该法定性可靠。

2. 定量分析 气相色谱分析定量方法主要有外标法、内标法、面积归一化法、标准溶液加入法等。外标法、面积归一化法具体内容详见实验二十九。本实验重点学习内标法和标准溶液加入法。

（1）内标法 当试样中所有组分不能全部出峰，只有需测定的组分才出峰时，可采用这种方法。所谓内标法是将一定量的纯物质作为内标物，加入已准确称量的试样中，根据被测组分和内标物的质量及其在色谱图上相应的峰面积（或峰高）比，求出某组分的含量。内标法又可分为内标加校正因子法、内标对比法、内标标准曲线法。

1）内标加校正因子法 即通过含内标物的对照品溶液计算出相对校正因子，通过含内标物的样品溶液和相对校正因子计算出待测组分的量。测试过程如下。

①相对校正因子测定：精密称（量）取对照品和内标物质，分别配成溶液，各精密量取适量，混合配成校正因子测定用的对照溶液。取一定量进样，记录色谱图。测量对照品和内标物质的峰面积或峰高，计算相对校正因子

$$f=\frac{A_S/c_S}{A_R/c_R}$$

式中，A_S为内标物质的峰面积或峰高；A_R为对照品的峰面积或峰高；c_S为内标物质的浓度；c_R为对照品的浓度。

②样品测定：再配制含有内标物质的供试品溶液，进样，记录色谱图，测量供试品溶液中待测成分和内标物质的峰面积或峰高，按下式计算含量。

$$c_x=f\times\frac{A_x}{A'_S/c'_S}$$

式中，A_x为供试品的峰面积或峰高；c_x为供试品的浓度；A'_S为内标物质的峰面积或峰高；c'_S为内标物质

的浓度；f为内标法相对校正因子。

采用内标加校正因子法，可避免因样品前处理及进样体积误差对测定结果的影响。当使用同一浓度的内标物质溶液，配制校正因子测定用的对照溶液和含有内标物质的供试品溶液时，$c_S = c'_S$，则配制内标物质溶液不必精密称（量）取。

2）内标对比法 先取一定量的内标物，加入标准品溶液中，组成标准品溶液，然后再将相同量的内标物加入同体积的样品溶液中，组成供试品溶液，分别进样。样品中待测组分含量按下式计算。

$$\frac{(A_{待测组分}/A_{内标})_{样品}}{(A_{待测组分}/A_{内标})_{标准品}} = \frac{(c_{待测组分}\%)_{样品}}{(c_{待测组分}\%)_{标准品}}$$

3）内标标准曲线法 与外标标准曲线法相同，只是在各种浓度的标准溶液中加入相同量的内标物，进样，以标准物与内标物的峰面积比A_x/A_S对c_x作工作曲线（或求回归方程）。样品测定时也加入等量的内标物，根据样品与内标物峰面积比A_x/A_S由工作曲线求得待测组分含量。测试过程如下。

①标准曲线绘制：将各待测组分的纯物质配制成不同浓度的混合标准溶液，在每一浓度的混合标准溶液中准确加入等量的内标物，在一定的色谱条件下，分别取相同体积的标准溶液进样分析。从得到的色谱图上测出相应信号峰面积A，以标准峰面积/内标峰面积A_x/A_S为纵坐标，以浓度c为横坐标，绘制标准曲线。

②样品测定：在未知试样中准确加入与标准溶液等量的内标物（确保内标物在试样中的浓度与在标准溶液中的浓度一致），在完全相同的条件下，取相同体积的样品溶液进样分析，根据所得的峰面积/内标峰面积A_x/A_S，从标准曲线上查得含量。

内标法中内标物的选择至关重要，作为内标物要满足以下条件：试样中不含有该物质；物理性质与被测组分相似或接近；不与待测组分产生化学反应；在待测组分中间或附近，且与待测组分完全分离；浓度适当，其峰面积与待测组分相差不大。

食品分析中最常用的方法是外标法，主要是操作简单，内标法要每个样品中加入内标，结果最准确，但操作相对复杂，尤其是内标标准曲线法，不适用于批量样品的分析。

（2）标准溶液加入法 精密称（量）取待测成分对照品适量，配制成适当浓度的对照品溶液，取一定量，精密加入供试品溶液中，根据外标法或内标法测定待测成分含量，再扣除加入的对照品溶液含量，即得供试品溶液中待测成分含量。

加入对照品溶液前后校正因子应相同，可按下式进行计算。

$$\frac{A_{is}}{A_x} = \frac{c_x + \Delta c_x}{c_x}$$

即待测组分的浓度c_x可通过如下公式进行计算。

$$c_x = \frac{\Delta c_x}{(A_{is}/A_x) - 1}$$

式中，c_x为供试品中组分X的浓度；A_x为供试品中组分X的色谱峰面积；Δc_x为所加入的已知浓度的待测组分对照品的浓度；A_{is}为加入对照品后组分X的色谱峰面积。

由于气相色谱法的进样量一般仅数微升，为减小进样误差，尤其当采用手工进样时，由于留针时间和室温等对进样量也有影响，故以采用内标法定量为宜；当采用自动进样器时，由于进样重复性的提高，在保证分析误差的前提下，也可采用外标法定量。当采用顶空进样时，由于供试品和对照品处于不完全相同的基质中，故可采用标准溶液加入法，以消除基质效应的影响；当标准溶液加入法与其他定量方法结果不一致时，应以标准加入法结果为准。

（四）气相色谱仪的操作

气相色谱仪的型号很多，但基本操作包括准备→开机→分析→关机四个步骤。

1. 准备 检查仪器各电源是否均处于“关”的状态；根据检测要求选择合适的色谱柱，分清出入口，套好石墨密封圈和固定螺母，小心安装色谱柱，拧紧固定螺母，以不漏气为宜，也不要过紧。

开启载气及燃气、助燃气钢瓶上的总阀，调节减压阀至规定压力。如果用气体发生器为气源，需要提前 2 ~ 3 小时开机。用表面活性剂溶液（如肥皂水）检查连接处是否漏气。

配制样品溶液、内标溶液和对照品溶液，也可在平衡系统时配制。

2. 开机 接通电源，依次开启气相色谱仪和电脑开关，再双击工作站图标，输入用户名和密码，点击确定。检查系统配置，确认仪器配置参数正常。

3. 分析

（1）创建或调用方法，运行方法 设定色谱参数，如进样口温度、检测器温度、柱温、分流比等；柱流速为 1 ~ 3ml/min；氢气：空气比例一般设置为 1：10；设置自动进样器参数，如进样体积、进样后溶剂清洗次数、进样前样品清洗次数、注入后等待时间、进样模式等，设置好方法参数后保存方法。点击菜单栏“方法”中“下载方法”图标，将方法参数下载到仪器上，运行该方法。

（2）分析样品 编辑序列，输入样品瓶位置、样品名称、分析文件方法、保存数据文件名称和参数等，并保存序列。待 GC 仪器上的指示灯熄灭（表示各加热单元均已达到设定值），基线稳定后，即可进样分析，一般先进样分析空白溶液、标准溶液，再进样分析样品溶液，得到各自色谱图。

（3）定性、定量分析 根据测定的色谱法图，以保留时间定性分析，峰面积或峰高外标法或内标法等定量分析。

4. 关机 分析完毕后，检测器、进样口、柱温箱温度设置为 50℃，当三者温度都降至 50℃以下时，先关闭色谱工作站，再关闭气相色谱仪，最后关气，并做好仪器使用登记。

三、实践训练

本实验采用气相色谱内标法测定维生素 E 粉中的维生素 E 含量。维生素 E 粉中的维生素 E（d－α－生育酚醋酸酯）经破壁、环己烷提取后，采用气相色谱法保留时间定性，内标法峰面积定量。

（一）任务分组

以小组为单位进行，建议每个小组 2 ~ 3 人，开始实验前初步确定每位同学在组内的具体分工。学生以小组为单位按照气相色谱内标法测定维生素 E 粉中维生素 E 含量要求进行实验操作。

小组成员		任务分工
姓名	学号	

（二）实验材料与试剂

维生素 E 粉（实验用样品）、异三十烷（角鲨烷）、无水乙醇、环己烷、盐酸、α－生育酚醋酸酯对照品。

（三）实验仪器与设备

气相色谱仪、HP－1 或 DB－1 毛细管柱、超声波清洗仪、容量瓶。

（四）实验过程

1. 溶液的配制

（1）1mol/L 盐酸溶液　量取 83ml 的 36% 的盐酸，用水稀释到 1000ml。

（2）内标溶液　准确称取 1.0g 异三十烷（角鲨烯），用环己烷溶解并稀释至 500.0ml。

（3）对照品溶液　准确称取 0.100g 的 α－生育酚醋酸酯对照品，加 50.0ml 内标溶液使溶解。

（4）供试品溶液　精确称取一定量的供试品，置于 150ml 的锥形瓶中，加入 20ml 的 1mol/L 盐酸，70℃水浴超声 20 分钟，加入 50ml 的无水乙醇和 50ml 的内标溶液，用回旋振荡器振摇 30 分钟充分混合两相，分层，取上清液。

2. 色谱参考条件

（1）色谱柱　HP－1 或 DB－1 毛细管柱，或等效柱，长 30m，直径 0.25mm，膜厚 0.25μm。

（2）载气　氮气。

（3）流速　1ml/min。

（4）分流比　1∶150。

（5）柱温　280℃。

（6）进样口和检测器温度　290℃。

（7）检测器　FID。

（8）进样量　1μl。

（9）运行时间　20 分钟（α－生育酚醋酸酯保留时间的 1.1 倍。相对于 α－生育酚醋酸酯（保留时间约 12 分钟），角鲨烯的相对保留时间约 0.5，α－生育酚约 0.9）。

3. 气相色谱测定过程　以 GC 6890 气相色谱仪为例，测试过程如下。

（1）检查仪器各电源是否均处于“关”的状态　选择 HP－1 或 DB－1 毛细管柱，分清出入口，套好石墨密封圈和固定螺母，小心安装色谱柱，拧紧固定螺母，以不漏气为宜，也不要过紧。

（2）开启载气（N_2）及燃气（H_2）、助燃气（空气）钢瓶上的总阀，调节减压阀至出口压力分别为 0.5MPa、0.22～0.26MPa、0.5MPa。用肥皂水检查连接处是否漏气，不漏气方可进行试验。

（3）开机　接通电源，依次开启气相色谱仪和电脑开关，再双击工作站图标，输入用户名和密码，点击确定。检查系统配置，确认仪器配置参数正常。

（4）创建方法、运行方法　点击菜单栏“方法”中“新建方法”图标，在“仪器参数试图”中设置方法，设定完成，点击菜单栏“方法”中“保存方法”，方法命名并保存在相应文件夹中。点击菜单栏“方法”中“下载方法”图标，将方法参数下载到仪器上。

在“仪器参数试图”中设置如下。①自动进样参数：进样体积为 1μl，进样后溶剂清洗次数 4 次，进样前样品清洗次数 4 次，注射器注入速度为快速，进样模式为正常。②SPL 进样口参数：汽化室温度 290℃，分流模式进样，分流比 1∶150，流速 1ml/min。③色谱柱参数：柱温 280℃。④FID 检测器设置：检测器温度为 290℃。⑤常规参数设置：准备就绪检查，自动点火前打勾，检测器温度达到设定温度，仪器自动点火；准备就绪时自动归零前打勾。

（5）进样分析　创建序列，点击菜单栏“序列”中的“新建序列”，输入样品瓶位置、样品名称、分析文件方法、保存数据文件名称和参数，设置表样式，选择“表样式”，点击“确定”，单击“序列”中的“序列另存为”输入序列名，点击“保存”。待 GC 仪器上的指示灯熄灭（表示各加热单元均已达到设定值），基线稳定后，即可进样分析。先进样分析空白溶液有无干扰，然后分析对照溶液，取 1μl 对照品溶液注入气相色谱仪，得到色谱图，计算校正因子。再进样分析样品溶液，取 1μl 供试品溶液注

入气相色谱仪，得到色谱图

（6）定性、定量分析　根据测定的色谱法图，以保留时间定性分析，峰面积内标法定量计算维生素E粉中维生素E含量。

（7）关机　分析完毕后，检测器、进样口、柱温箱温度设置为50℃，当三者温度都降至50℃以下时，先关闭色谱工作站，再关闭气相色谱仪，最后关气，做作好仪器使用登记。

（五）结果计算

1. 原始数据表　气相色谱内标法测定维生素E粉中维生素E含量实验原始数据如表26－1所示。

表26－1　原始数据表

校正因子测定	对照品溶液浓度 $c_{对}$（mg/ml）	
	对照品溶液中VE峰的峰面积 $A_{对}$	
	对照品溶液中内标峰的峰面积 $A_{内}$	
	内标溶液中内标物的浓度 $c_{内}$（mg/ml）	
样品测定	样品溶液中VE峰的保留时间 $T_{样}$（mim）	
	对照溶液中VE峰的保留时间 $T_{对}$（mim）	
	样品称重量 $W_{样}$（mg）	
	样品溶液中VE峰的峰面积 $A_{样}$	
	样品溶液中内标峰的峰面积 $A_{内}$	

2. 定性分析　同一物质在相同的色谱条件下具有相同的保留时间，根据维生素E对照溶液和样品溶液中相应的维生素E色谱峰保留时间是否相同和样品标签中是否标注维生素E，综合判断样品溶液中是否含有维生素E。

3. 定量结果计算

（1）校正因子的计算　取1μl对照品溶液注入气相色谱仪，计算校正因子。校正因子 f 计算公式如下。

$$f=\frac{A_{内}\times c_{对}}{A_{对}\times c_{内}}$$

式中，f 为校正因子；$A_{内}$ 为对照溶液中内标峰的峰面积；$A_{对}$ 为对照溶液中对照品α－生育酚醋酸酯的峰面积；$c_{内}$ 为内标溶液中内标物的浓度，mg/ml；$c_{对}$ 为对照溶液中对照品浓度，mg/ml。

（2）样品中维生素E含量计算　取1μl供试品溶液注入气相色谱仪，内标法峰面积定量。样品中维生素E的百分含量按下式计算。

$$X=f\times\frac{A_{样}\times c_{内}}{A_{内}\times W_{样}/50}\times X_{对}\times 100\%$$

式中，f 为校正因子；$A_{内}$ 为供试品溶液中内标峰的峰面积；$A_{对}$ 为供试品溶液中对照品α－生育酚醋酸酯的峰面积；$c_{内}$ 为内标溶液中内标物的浓度，mg/ml；$W_{样}$ 为样品的称量，mg；$X_{对}$ 为对照品中α－生育酚醋酸酯的百分含量，%；X 为样品中α－生育酚醋酸酯的百分含量，%。

计算结果保留三位有效数字。样品中维生素E的测得量大于等于标示量，即合格。如小于标示量，为不合格。

（六）注意事项

1. 样品制备过程，破壁提取要彻底，减少提取导致的检测误差。

2. 内标法计算过程相对复杂，计算过程要仔细认真，避免计算错误。

3. 注意高压钢瓶的压力及是否漏气。

四、效果评价

项目	分值	评分标准	个人自评	小组互评	教师评价	各项得分
出勤纪律	10	能严格遵守实验纪律和安全规则，无任何违纪现象为满分				
操作技能	50	完全符合实验规定操作要求，能熟练正确操作气相色谱仪，依规配制溶液为满分				
实验结果	15	能规范记录原始数据，正确定性分析和定量计算实验结果，准确判定结果为满分				
实验态度	10	实验中态度端正，不怕累、不怕苦，实验中积极主动、与小组同学分工协作为满分				
实验报告	15	符合要求，内容充实，字迹工整，独立完成为满分				
		总分（各项得分的平均值）				

五、问题情境

参考答案

1. 根据所学简述内标法是什么？

2. 内标气相色谱法如何选择内标物？

3. 请根据维生素E粉含量测定结果，计算样品中维生素E含量，并判断是否符合规定？

对照品溶液浓度：维生素E对照品1.942mg/ml；内标物异三十烷2.011mg/ml；进样量1μl；测得$A_{对}$为423，$A_{对内}$为521。

供试品溶液浓度：取规格为50%的维生素E干粉，精确称取194.18mg、195.21mg分别于150ml锥形瓶中，按实验要求处理后，取上清液进样，进样量1μl；测得$A_{供1}$为466，$A_{供内1}$为554；$A_{供2}$为464，$A_{供内2}$为548。

六、总结反馈

实验反思
实验过程中产生的问题，解决办法
心得体会

实验二十七　火焰原子吸收光谱法测定葡萄糖酸钙口服液中钙的含量

PPT

一、学习目标

（一）知识目标

1. 掌握火焰原子吸收分光光度计的操作步骤及注意事项；标准曲线法在原子吸收定量分析中的应用。

2. 熟悉几种样品消化方法及步骤。

3. 了解火焰原子吸收分光光度计的基本结构和原理。

（二）能力目标

1. 能熟练操作微波消解仪，对葡萄糖酸钙口服液进行正确规范的样品预处理。

2. 能熟练操作火焰原子吸收分光光度计，应用标准曲线法进行葡萄糖酸钙口服液中钙含量测定。

3. 能正确处理检验数据，正确计算钙含量，并能对检测结果作出正确判断与报告。

（三）素质目标

1. 理解常量元素钙对人体健康的重要性，提高日常健康饮食与良好生活习惯有机结合的健康生活理念。

2. 积极参与科普活动，弘扬科学精神，向大众科学宣传补钙知识，增强责任担当意识。

3. 在小组合作进行钙含量测定过程中，培养爱岗敬业、团队协作、依规检测、诚信报告的职业精神。

二、基本知识

（一）钙

钙是人体必需的常量元素之一，是构成骨骼、牙齿的主要组成成分。钙是构成机体完整性不可缺少的组成成分，并参与机体各种生理和生化过程。

除了从日常饮食比如牛奶、坚果、豆制品等中摄入钙外，还可通过食用钙的功能食品来补充钙，包括无机钙、有机钙和生物钙三类。常用的碳酸钙属于无机钙，其含钙量高，而且经济实惠，但它必须有胃酸的作用才能分解为钙离子，被人体吸收利用。有机钙如葡萄糖酸钙、乳酸钙等，其钙含量比较低，但其水溶性比较好，不需要胃酸的参与，比较适合小孩和老年人使用。

钙的剂型有钙片、钙咀嚼片、钙口服液、钙颗粒等，可满足不同人群的个性化需求。服用钙功能食品建议最好搭配服用维生素 D，因为维生素 D 有助于促进钙的吸收，缺乏维生素 D，钙的吸收就会下降。同时还可适当增加晒太阳时间，促进身体中维生素 D 的合成，从而使钙更好吸收。

（二）火焰原子吸收光谱法

《食品安全国家标准　食品中钙的测定》（GB 5009.92—2016）中对钙的测定共列出四种方法：火

焰原子吸收光谱法、EDTA 滴定法、电耦合等离子体发射光谱法、电耦合等离子体质谱法。本实验重点学习和应用火焰原子吸收光谱法测定钙含量。

1. 仪器装置　火焰原子吸收分光光度计由光源、火焰原子化器、分光系统（单色器）、检测系统、工作站五部分组成。

（1）光源　光源的作用是发射被测元素的特征共振辐射。光强度应足够大，有良好的稳定性、使用寿命长。空心阴极灯是原子吸收光谱仪的理想光源，应用最广。空心阴极灯一般是由待测元素的纯金属作灯的阴极，灯内充有惰性气体（氩气或氖气），测不同金属元素需用各自的元素灯。本实验测定钙含量，需用钙空心阴极灯来作光源。

（2）原子化器　原子吸收分光光度计的原子化器是提供能量使样品干燥、蒸发和原子化，同时入射光束在这里被基态原子吸收，因此也可以把它视为“吸收池”。常用的原子化器有火焰原子化器和电热高温石墨炉原子化器。火焰原子化器由雾化器及燃烧灯头等主要部件组成。其功能是将供试品溶液雾化成气溶胶后，再与燃气混合，进入燃烧灯头产生的火焰中，以干燥、蒸发、离解供试品，使待测元素形成基态原子。燃烧火焰由不同种类的气体混合物产生，常用乙炔－空气火焰。改变燃气和助燃气的种类及比例可控制火焰的温度，以获得较好的火焰稳定性和测定灵敏度。

（3）分光系统（单色器）　将空心阴极灯阴极材料的杂质、惰性气体发出的谱线及分析线的邻近线等与待测元素的共振吸收线分开。

（4）检测系统　由检测器、信号处理器和显示记录器组成。将分光系统分出的光信号转变成电信号，放大器将光电倍增管输出的较弱的电信号，经电子线路进一步放大，对数变换器将光强度与吸光度之间转换，然后在显示记录装置上显示测得的吸光度值。

2. 原子吸收光谱法定量分析方法　包括标准曲线法和标准加入法。

（1）标准曲线法

1）在仪器推荐的浓度范围内，除另有规定外，加入配制供试品溶液的相应试剂制备含待测元素不同浓度的对照品溶液至少 5 份，浓度依次递增，同时以相应试剂制备空白对照溶液。将仪器按规定启动后，依次测定空白对照溶液和各浓度对照品溶液的吸光度，记录读数。以每一浓度 3 次吸光度读数的平均值为纵坐标、相应浓度为横坐标，绘制标准曲线。绘制标准曲线时，一般采用线性回归。

2）按规定方法制备供试品溶液，使待测元素的估计浓度在标准曲线浓度范围内，测定吸光度，取 3 次读数的平均值，从标准曲线上查得相应的浓度，计算被测元素含量。

（2）标准加入法　取同体积按规定方法制备的供试品溶液 4 份，分别置 4 个同体积的容量瓶中，除第一号容量瓶外，其他容量瓶分别精密加入不同浓度的待测元素对照品溶液，分别用去离子水稀释至刻度，制成从零开始递增的一系列标准加入溶液。按上述标准曲线法自“将仪器按规定启动后”操作，测定吸光度，记录读数；以吸光度读数为纵坐标、相应的待测元素加入量为横坐标作图，延长此直线至与含量轴的延长线相交，此交点与原点间的距离即相当于供试品溶液取用量中待测元素的含量，再以此计算供试品中待测元素的含量。

3. 检测原理与方法　试样经消解处理后，加入镧溶液作为释放剂消除干扰，经原子吸收火焰原子化后产生含有钙的基态原子蒸气，在通过含有钙元素空心阴极灯发射出一定强度和一定波长的特征光谱（422.7nm）时，产生特征吸收，透过原子蒸气的特征光强度将减弱，并投射到光电检测器上被检测出来。光强减弱的程度与蒸气中钙元素的浓度成正比，即吸光度遵守朗伯－比尔定律［$A = \lg(I_0/I) = KcL$］，根据此定量关系，利用标准曲线法或标准加入法即可测定样品中钙的含量。本实验重点学习火焰原子吸收法测定钙含量。

（1）样品前处理　样品先进行消化处理，使有机物破坏除去，残留物再用合适的酸溶解。钙含量测定样品有四种消解方法，即湿法消解法、微波消解法、压力罐消解法和干法灰化，可根据实验条件选择不同的消解方法。

1）湿法消解法　准确移取试样 0.500 ~ 5.00ml 于消化罐或锥形瓶中，加入 10ml 硝酸和 0.5ml 高氯酸，在可调电热炉上加热消解至冒白烟，消化液呈无色透明或略带黄色为止。取出消化罐或锥形瓶，冷却后用水定容至 25ml，再根据实际测定需要稀释。同时做试剂空白试验。

2）微波消解法　准确移取试样 0.500 ~ 3.00ml 于微波消解罐中，加入 5ml 硝酸，按照微波消解仪的操作步骤消解试样。冷却后取出消解罐，在电热板上于 140 ~ 160℃ 赶酸至 1ml 左右。消解罐放冷后，将消化液转移至 25ml 容量瓶中，用少量水洗涤消解罐 2 ~ 3 次，合并洗涤液于容量瓶中并用水定容，再根据实际测定需要稀释。同时做试剂空白试验。

3）压力罐消解法　移取试样 0.500 ~ 5.00ml 于消解内罐中，加入 5ml 硝酸，盖好内盖，旋紧不锈钢外套，放入恒温干燥箱，于 140 ~ 160℃ 下保持 4 ~ 5 小时。冷却后缓慢旋松外罐，取出消解内罐，放在可调式电热板上于 140 ~ 160℃ 赶酸至 1ml 左右。冷却后将消化液转移至 25ml 容量瓶中，用少量水洗涤内罐和内盖 2 ~ 3 次，合并洗涤液于容量瓶中并用水定容，混匀备用，再根据实际测定需要稀释。同时做试剂空白试验。

4）干法灰化　准确移取试样 0.500 ~ 10.0ml 于坩埚中，小火加热，炭化至无烟，转移至马弗炉中，于 550℃ 灰化 3 ~ 4 小时，至试样呈白灰状。冷却，取出，用适量硝酸溶液（1 + 1）溶解转移至刻度管中，用水定容至 25ml。再根据实际测定需要稀释，同时做试剂空白试验。

（2）测定

1）仪器条件　根据各自仪器性能调至最佳状态。参考条件：波长 422.7nm、狭缝 1.3nm、灯电流 5 ~ 15mA，燃烧头高度 3mm，空气流量 9L/min，乙炔流量 2L/min。

2）标准曲线绘制　配制钙标准系列溶液，按质量浓度由低到高的顺序分别将钙标准系列溶液导入火焰原子化器，原子化后测其吸光度值，以质量浓度为横坐标，吸光度值为纵坐标，制作标准曲线及相关系数。

3）试样测定　在与测定钙系列标准溶液相同的实验条件下，分别将空白溶液或试样溶液导入火焰原子化器中，原子化后测其吸光度值，代入标准曲线中求出样品溶液和试剂空白液中钙浓度。

4）释放剂的使用　为了减少离子干扰需加入适量的释放剂镧溶液，绘制钙标准曲线时也要加入与试样测定时等量的释放剂镧溶液，使钙原子从干扰元素中释放出来，提高分析的准确度。

三、实践训练

本实验采用微波消解法处理和配制供试品溶液、按照火焰原子吸收光谱标准曲线法定量分析葡萄糖酸钙口服液中钙含量。

（一）任务分组

以小组为单位进行，建议每个小组 2 ~ 3 人，开始实验前初步确定每位同学在组内的具体分工。学生以小组为单位按照火焰原子吸收光谱标准曲线法要求进行葡萄糖酸钙口服液中钙含量测定实验操作。

小组成员		任务分工
姓名	学号	

（二）实验材料与试剂

葡萄糖酸钙口服液（实验用样品）、碳酸钙、硝酸、盐酸、氧化镧、蒸馏水。

（三）实验仪器与设备

电子天平（感量0.1mg和1mg）、25ml容量瓶、100ml容量瓶、1000ml容量瓶、100ml量筒、微量移液器、微波消解系统（配聚四氟乙烯消解罐和赶酸板）、火焰原子吸收光谱仪（钙空心阴极灯）等。

（四）实验过程

1. 玻璃器皿和消解罐洗涤　所有玻璃器皿、消解罐均需以硝酸溶液（1+5，*V/V*）浸泡24小时以上，用水反复冲洗，最后用去离子水冲洗干净。

2. 溶液配制

（1）硝酸溶液（5+95）　量取50ml硝酸，加入950ml水，混匀。

（2）盐酸溶液（1+1）　量取500ml盐酸，与500ml水混合均匀。

（3）镧溶液（20g/L）　称取23.45g氧化镧，先用少量水湿润后再加入75ml盐酸溶液（1+1）溶解，转入1000ml容量瓶中，加水定容至刻度，混匀。

（4）钙标准储备液（1000mg/L）　准确称取2.4963g碳酸钙，加盐酸溶液（1+1）溶解，移入1000ml容量瓶中，加水定容至刻度，混匀。

（5）钙标准中间液（100mg/L）　准确吸取10ml钙标准储备液（1000mg/L）于100ml容量瓶中，加硝酸溶液（5+95）至刻度，混匀。

（6）钙标准系列溶液　分别吸取钙标准中间液（100mg/L）0ml、0.500ml、1.00ml、2.00ml、4.00ml、6.00ml于100ml容量瓶中，另在各容量瓶中加入5ml镧溶液（20g/L），最后加硝酸溶液（5+95）定容至刻度，混匀。此钙标准系列溶液中钙的浓度分别为0mg/L、0.500mg/L、1.00mg/L、2.00mg/L、4.00mg/L和6.00mg/L。

3. 试样制备　本实验采用微波消解法处理和配制葡萄糖酸钙口服液中钙含量测定样品溶液（在采样和试样制备过程中，应避免试样污染）。

（1）试样　准确移取试样2.00ml于微波消解罐中，加入5ml浓硝酸，做标记。一式两份。

（2）空白试样　向微波消解罐中加入5ml浓硝酸，做标记。

（3）预消解　上述3个消解罐放入140℃赶酸板里，预消化20分钟。

（4）微波消解　预消化完成后，旋紧管盖，于微波消解仪中消化。微波消解升温程序为：120℃、升温时间5分钟、持续时间5分钟，160℃、升温时间5分钟、持续时间10分钟，180℃、升温时间5分钟、持续时间10分钟。

（5）赶酸　消化完成后，自然冷却至室温，开盖后于150℃赶酸板中赶酸，至溶液体积约1ml后取出消解罐，自然冷却至室温。

（6）定容　将消化液转移至25ml容量瓶中，用少量水洗涤消解罐2~3次，洗液合并于容量瓶中，另用微量移液器在各容量瓶中加入1.25ml镧溶液（20g/L），使其在最终稀释液中的浓度为1g/L，用水定容至刻度，混匀后微滤至样品瓶中，做标记。

4. 测定 根据各自仪器性能调至最佳状态。以 TAS－990AFG 型原子吸收分光光度计为例，操作步骤如下。

（1）开机 依次打开排风设备、电脑，待电脑启动完毕后打开主机电源。

（2）仪器联机初始化

1）双击“AAwin”图标，选择“联机”，点击“确定”，出现仪器初始化界面。等待 3～5 分钟（联机初始化过程），等初始化各项出现确定后，将弹出“选择元素灯和预热灯窗口”。

2）选择钙元素灯和预热灯，点击“下一步”，出现“设置元素测定参数窗口”。

3）可以根据需要更改光谱带宽、燃气流量、燃烧器高度等参数，（一般工作灯电流，预热灯电流和负高压以及燃烧器位置不用更改。）设置完成后点击“下一步”，出现“设置波长”窗口。

4）不要更改默认的波长值，直接点击“寻峰”。将弹出“寻峰窗口”，（根据所选元素灯元素不同，整个过程需要时间不同，一般在 1～3 分钟）等寻峰过程完成后，点击“关闭”。点击“下一步”，点击“完成”。

（3）设置样品 点击“样品”，弹出“样品设置向导窗口”。

1）选择校正方法（一般为标准曲线法），曲线方程（一般为一次方程）和浓度单位，输入样品名称和起始编号，点击“下一步”。

2）输入标准样品的浓度和个数（可依照提示增加和减少标准样品的数量），点击“下一步”。

3）可以选择需要或不需要空白校正和灵敏度校正（一般为不要），然后点击“下一步”。

4）输入待测样品数量、名称、起始编号以及相应的稀释倍数等信息，点击“完成”。

（4）设置参数 点击“参数”，弹出测量参数窗口。

1）点击“常规”输入标准样品、空白样品、未知样品等的测量次数（测几次计算出平均值），选择测量方式（手动或自动，一般为自动），输入间隔时间和采样延时（一般均为 1 秒）。

2）点击“显示”设置吸光值最小值和最大值（一般为 0～0.7）以及刷新时间（一般 300 秒）。

3）点击“信号处理”设置计算方式（一般火焰吸收为连续或峰高），积分时间和滤波系数（火焰积分时间一般为 1 滤波系数为 0.3 秒）。

4）点击“质量控制”（适用于带自动进样的设备），点击“确定”，退出参数设置窗口。

（5）测量

1）依次打开空气压缩机的风机开关、工作开关，调节压力调节阀，使得空气压力稳定在 0.2～0.25MPa 后，打开乙炔钢瓶主阀，使乙炔总阀压力保持在 0.24MPa，分压阀 0.15MPa 以上，调节出口压力在 0.075MPa 左右（点火前后出口压力可能有变化，这里的出口压力在 0.075MPa 指点火后的压力），检查水封，点击“点火”（第一次点火时有“点火提示窗口”弹出，点击“确定”将开始点火），等火焰稳定后，首先吸喷纯净水，以防止燃烧头结盐。

2）点击“测量”下的“测量”，点“开始”，吸喷空白溶液“校零”，依次吸喷系列标准溶液和未知溶液，点击“开始”，进行测量，记录各自吸光度值。测量完成后，点击“终止”，完成测量，退出测量窗口。挡住火焰探头熄火。

如果不再需要继续测量其他元素，关闭乙炔钢瓶主阀，让火焰自动熄灭，点击“确定”，退出“熄火提示窗口”，吸喷纯水 1 分钟，清洗燃烧头，防止燃烧头结盐。若样品要重新测量，点击鼠标右键，进行重新测量。

（6）关机过程 依次关闭 AAwin 软件、原子吸收主机电源，关闭乙炔气、乙炔钢瓶主阀、空压机工作开关，按下放水阀，排空压缩机中的冷凝水，关闭风机开关，退出计算机 Windows 操作程序，关闭显示器和计算机电源。盖上仪器罩，检查乙炔、氩气、冷却水是否已经关闭。

（五）结果计算

1. 原始数据表　火焰原子吸收光谱法测定葡萄糖酸钙口服液中钙含量实验原始数据如表 27－1 所示。

表 27－1　原始数据表

钙标准中间液（100mg/L）体积（ml）	0	0.500	1.00	2.00	4.00	6.00
钙标准系列溶液浓度（mg/L）	0	0.500	1.00	2.00	4.00	6.00
钙标准系列溶液吸光度（Abs）						
标准曲线及线性相关系数						
测定用样品溶液吸光度（Abs）						
测定用空白溶液吸光度（Abs）						
试样量取体积（ml）						
试样消化液的定容体积（ml）						

2. 结果计算　葡萄糖酸钙口服液中钙的含量按下式计算。

$$X = \frac{(\rho - \rho_0) \times V}{m}$$

式中，X 为试样中钙的含量，mg/L；ρ 为试样溶液中钙的质量浓度，mg/L；ρ_0 为空白溶液中钙的质量浓度，mg/L；V 为试样消化液的定容体积，ml；m 为试样量取体积，ml。

当钙含量≥10.0mg/L 时，计算结果保留三位有效数字；当钙含量＜10.0mg/L 时，计算结果保留两位有效数字。在重复条件下获得的两次独立测定结果的决定差值不得超过算术平均值的 10%。

样品中钙的测得量大于等于标示量，即合格。如小于标示量，为不合格。

（六）注意事项

1. 预消解要小心加热，避免发生暴沸；预消解和赶酸时切勿烧干，温度也不能过高，消解应在通风橱中进行，实验人员应注意观察消解情况并做好个人防护。

2. 浓硝酸是强氧化剂，吸取硝酸时一定要注意安全，不能拿着硝酸瓶子到处走动，一定要在通风橱中操作。

3. 应严格按照微波消解仪的使用说明进行操作，保证实验安全。

4. 乙炔泄露容易引起爆炸，每次实验前都应进行安全检查；当乙炔气瓶中的压力低于 0.5MPa 时应更换新的乙炔。

四、效果评价

项目	分值	评分标准	个人自评	小组互评	教师评价	各项得分
出勤纪律	10	能严格遵守实验纪律和安全规则，无任何违纪现象为满分				
操作技能	50	能正确熟练使用火焰原子吸收分光光度计和微波消解仪，能正确按照火焰原子吸收光谱法熟练独立测定样品中钙含量为满分				
实验结果	15	能规范记录实验数据，正确计算葡萄糖酸钙口服液中钙含量，并正确判定实验结果为满分				

续表

项目	分值	评分标准	个人自评	小组互评	教师评价	各项得分
实验态度	10	实验中态度端正，不怕累、不怕苦，实验中积极主动、与小组同学分工协作为满分				
实验报告	15	符合要求，内容充实，字迹工整，独立完成为满分				
		总分（各项得分的平均值）				

五、问题情境

参考答案

1. 标准空白溶液和空白试剂溶液的作用是否一致？
2. 火焰原子吸收光谱法测定钙含量加入镧溶液有什么作用？
3. 原子吸收光谱法与紫外－可见分光光度法的异同点是什么？

六、总结反馈

实验反思
实验过程中产生的问题，解决办法
心得体会

书网融合……

GB 5009. 92—2016

实验二十八　凝固型功能酸奶中乳酸菌总数的测定

PPT

一、学习目标

（一）知识目标

1. 掌握乳酸菌检测的程序及操作规范。

2. 熟悉乳酸菌检测的原理与意义。

（二）能力目标

1. 能熟练独立对酸奶进行乳酸菌总数的计数。

2. 能对检验结果进行准确地计算、判断与报告。

（三）素质目标

1. 在实验过程中，形成严谨的态度、细致的观察力和勇于尝试的勇气，从而具有互助协助的团队精神和精益求精的职业态度。

2. 正确计算实验结果，规范报告实验结论，具备科学精神和公正客观的职业道德。

二、基本知识

（一）乳酸菌的概念及检测意义

乳酸菌是一类可发酵糖主要产生大量乳酸的无芽孢、革兰阳性细菌的统称，是一群相当庞杂的细菌，目前至少可分为18属，共有200多种。乳酸菌的形态主要有球菌和杆菌两大类，按其生化特性分为乳杆菌属、链球菌属、明串珠菌属、片球菌属和双歧杆菌属。乳酸菌能定植于人体肠道内，是一类对人体有益的活性微生物，属于益生菌类，具有以下几方面生理功能。①维持肠道菌群的微生态平衡；②增强机体免疫功能；③提高营养利用率、促进营养吸收；④控制内毒素、降低胆固醇；⑤预防和抑制肿瘤发生；⑥延缓机体衰老。除极少数外，绝大部分都是人体内必不可少的且具有重要生理功能的菌群，广泛存在于人体的肠道中，当乳酸菌占优势时，人体保持健康状态，否则处于亚健康或非健康状态。因此，有意识地增加人体肠道中乳酸菌的数量是非常必要的。

饮用酸奶是增加人体肠道中乳酸菌数量的一个重要途径，故发酵乳中乳酸菌数量是评价发酵乳质量的一项重要指标。《食品安全国家标准　发酵乳》（GB 19302—2010）中规定，乳酸菌数$\geq 1\times10^{6}$CFU/g（ml）。

（二）乳酸菌总数检测方法

《食品安全国家标准　食品微生物学检验　乳酸菌检验》（GB 4789.35—2016）标准方法，乳酸菌总数与菌落总数测定类似，选用标准平板活菌计数法，即检样经过处理，在一定条件下培养后，所得1g（ml）检样中所含乳酸菌的菌落数。本实验发酵乳中乳酸菌为乳杆菌属和嗜热链球菌属，根据其培养特性，采用MC培养基和MRS培养基，36℃ ±1℃下分别需氧和厌氧培养72小时 ±2小时，对其菌落计数，二者结果之和即为乳酸菌（乳杆菌属和嗜热链球菌）总数。

1. 样品溶液制备

（1）冷冻样品　可先使其在2～5℃条件下解冻，时间不超过18小时，也可在温度不超过45℃的条件解冻，时间不超过15分钟。

（2）固体和半固体食品　以无菌操作称取25g样品，置于装有225ml生理氯化钠溶液的无菌均质杯内，于8000～10000r/min均质1～2分钟，制成1∶10样品匀液；或置于225ml生理氯化钠溶液的无菌均质袋中，用拍击式均质器拍打1～2分钟制成1∶10的样品匀液。

（3）液体样品　液体样品应先将其充分摇匀后以无菌吸管吸取样品25ml放入装有225ml生理氯化钠溶液的无菌锥形瓶（瓶内预置适当数量的无菌玻璃珠）中，充分振摇，制成1∶10的样品匀液。

（4）梯度稀释　用1ml无菌吸管或微量移液器吸取1∶10的样品匀液1ml，沿管壁缓慢注于盛有9ml无菌稀释液的无菌试管中（注意吸管或吸头尖端不要触及稀释液面），另换一支1ml无菌吸管反复吹洗，或在振荡器上振荡混匀，制成1∶100的样品匀液。按上述操作，制备10倍递增系列稀释样品匀液。每递增稀释一次，换用1次1ml无菌吸管或吸头。

2. 接种与培养

（1）乳酸菌总数　乳酸菌总数计数培养条件的选择及结果如表28－1所示。

表28－1　菌属培养条件选择表

样品中所包括乳酸菌菌属	培养条件的选择及结果说明
仅包括双歧杆菌属	按《食品安全国家标准　食品微生物学检验　双歧杆菌检验》（GB 4789.34—2016）的规定执行
仅包括乳杆菌属	按照（3）操作，结果即为乳杆菌属总数
仅包括嗜热链球菌	按照（4）操作，结果即为嗜热链球菌总数
同时包括双歧杆菌属和乳杆菌属	按照（3）操作，结果为乳酸菌总数；若需单独计数双歧杆菌属数目，按照（2）操作
同时包括双歧杆菌属和嗜热链球菌	按照（2）和（4）操作，二者结果之和即为乳酸菌总数；若需单独计数双歧杆菌属数目，按照（2）操作
同时包括乳杆菌属和嗜热链球菌	按照（3）和（4）操作，二者结果之和即为乳酸菌总数；（3）结果为乳杆菌总数；（4）结果为嗜热链球菌总数
同时包括双歧杆菌属、乳杆菌属和嗜热链球菌	按照（3）和（4）操作，二者结果之和即为乳酸菌总数；若需单独计数双歧杆菌属数目，按照（2）操作

（2）双歧杆菌计数　根据对待检样品双歧杆菌含量的估计，选择2～3个连续的适宜稀释度，每个稀释度吸取1ml样品匀液于灭菌平皿内，每个稀释度做两个平皿。稀释液移入平皿后，将冷却至48℃的莫匹罗星锂盐和半胱氨酸盐酸盐改良的MRS培养基倾注入平皿约15ml，转动平皿使混合均匀。36℃ ±1℃厌氧培养72小时 ±2小时，培养后计数平板上的所有菌落数。双歧杆菌在改良MRS平板上的菌落特征为：菌落呈圆形凸起、无色不透明、菌落中等大小、边缘整齐光滑、直径为2mm ±1mm，菌落背面为黄色。从样品稀释到平板倾注要求在15分钟内完成。

（3）乳杆菌计数　根据待检样品活菌总数的估计，选择2～3个连续的适宜稀释度，每个稀释度吸取1ml样品匀液于灭菌平皿内，每个稀释度做两个平皿。稀释液移入平皿后，将冷却至48℃的MRS琼脂培养基倾注入平皿约15ml，转动平皿使混合均匀。36℃ ±1℃厌氧培养72小时 ±2小时。乳杆菌在MRS平板上的菌落特征为：菌落呈圆形凸起、微白色、湿润、边缘整齐、中等大小、直径为3mm ±1mm、菌落背面为黄色。从样品稀释到平板倾注要求在15分钟内完成。

（4）嗜热链球菌计数　根据对待检样品嗜热链球菌活菌数的估计，选择2～3个连续的适宜稀释度，每个稀释度吸取1ml样品匀液于灭菌平皿内，每个稀释度做两个平皿。稀释液移入平皿后，将冷却至48℃的MC培养基倾注入平皿约15ml，转动平皿使混合均匀。36℃±1℃需氧培养72小时±2小时，培养后计数。嗜热链球菌在MC琼脂平板上的菌落特征为：菌落中等偏小、边缘整齐光滑的红色菌落、直径2mm±1mm、菌落背面为粉红色。从样品稀释到平板倾注要求在15分钟内完成。

3. 菌落计数

（1）选取菌落数在30～300CFU、无蔓延菌落生长的平板计数菌落总数。低于30CFU的平板记录具体菌落数，大于300CFU的可记录为多不可计。每个稀释度的菌落数应采用两个平板的平均数。

（2）其中一个平板有较大片状菌落生长时，则不宜采用，而应以无片状菌落生长的平板作为该稀释度的菌落数；若片状菌落不到平板的一半，而其余一半中菌落分布又很均匀，即可计算半个平板后乘以2，代表一个平板菌落数。

（3）当平板上出现菌落间无明显界线的链状生长时，则将每条单链作为一个菌落计数。

4. 菌落数计算

（1）挑选菌落数在30～300CFU的平板作为菌落数的计数标准。

（2）若只有一个稀释度平板上的菌落数符合计数标准，计算2个平板菌落数的平均值，再乘稀释倍数，作为每g（ml）样品中的菌落总数。

（3）若2个连续稀释度的平板菌落数符合计数标准，按 $n=\sum C/[(n_1+0.1n_2)d]$ 计算。其中，$\sum C$ 为符合计数标准的平板菌落数之和；n_1 为低稀释倍数符合计数标准的平板个数；n_2 为高稀释倍数符合计数标准的平板个数；d 为低稀释倍数。

（4）若所有稀释度的平板菌落数均大于300CFU，则应按最高稀释度的平均菌落数乘以稀释倍数计算。

（5）若所有稀释度的平板菌落数均小于30CFU，则应按低稀释度的平均菌落数乘以稀释倍数计算。

（6）若所有稀释度平板均无菌落生长，则以小于1乘以最低稀释倍数计数。

（7）若所有稀释度菌落数均不在30～300CFU，则应以最接近300CFU或30CFU的平均菌落数乘以稀释倍数计算。

（8）若一个平板在30～300CFU，另一个平板不在30～300CFU，则仅用在30～300CFU的平板菌落数计算。

5. 菌落数的报告

（1）菌落数小于100CFU时，按“四舍五入”原则修约，以整数报告。

（2）菌落数大于或等于100CFU时，第三位数字采用“四舍五入”原则修约后，采用两位有效数字，后面用0代替位数；也可用10的指数形式来表示，按“四舍五入”原则修约后，采用两位有效数字。

（3）称重取样以CFU/g为单位报告，体积取样以CFU/ml为单位报告。

三、实践训练

《食品安全国家标准　食品微生物学检验　乳酸菌检验》（GB 4789.35—2016）规定的标准平板活菌计数法测定凝固型功能酸奶中乳酸菌总数。

（一）任务分组

以小组为单位进行，建议每个小组2～3人，开始实验前初步确定每位同学的具体任务分工。学生以小组为单位进行凝固型功能酸奶中乳酸菌总数的测定。

小组成员		任务分工
姓名	学号	

（二）实验材料与试剂

凝固型功能酸奶（自制试验样品，含乳杆菌属、嗜热链球菌）、MC 培养基、MRS 培养基、NaCl（分析级）、精密 pH 试纸等。

（三）实验仪器与设备

培养皿（16 个/组）、1ml 移液管（12 支/组）、250ml 三角瓶（2 个/组）、10ml 试管（7 支/组）、500ml 三角瓶（1 个/组）、天平（感量为 0.01g）、电炉、高压蒸汽灭菌锅、生化培养箱、厌氧培养箱或培养罐、菌落计数器等。

（四）实验过程

1. 玻璃器皿的洗涤

（1）新购置的培养皿、三角瓶、烧杯、试管用 2% 的盐酸溶液或洗涤液浸泡数小时后，用自来水冲洗干净，晾干或烘干备用。

（2）用过的培养皿、三角瓶、烧杯、试管先用洗衣粉刷洗，再用自来水冲洗干净，晾干或烘干备用。

（3）用过的移液管，从浸泡数小时的消毒液（如 0.5% 苯扎溴铵）内取出，去掉棉塞，用自来水冲洗干净，晾干备用。

2. 玻璃器皿的包扎

（1）培养皿包扎　8～10 个干燥培养皿朝向一致地排齐，从双层报纸宽的一侧开始包扎，边卷边将报纸多余部分向内折，最后将多余报纸塞入折内。或者将培养皿直接放入不锈钢培养皿灭菌桶内。

（2）移液管包扎　取适量脱脂棉，轻轻插入移液管口 1～1.5cm，松紧适中，外露脱脂棉用打火机烧去。用 6～8cm 宽的报纸条，一侧折 2cm 长的双层报纸，管尖斜放于双层报纸上，先将吸管尖端包起，再逐步向上卷，最后把管口端的纸卷捏扁并打结。或者将塞好棉花的吸管直接放入不锈钢吸管灭菌桶内。

3. 玻璃器皿的灭菌　已包扎的玻璃器皿于 160～170℃ 干热灭菌 1～2 小时。已灭菌的玻璃器皿放入专用柜，备用。

4. 无菌生理氯化钠溶液配制　称量→溶解→分装→包扎→灭菌

（1）称量、溶解　称取 8.5g 氯化钠，溶解于 1000ml 蒸馏水中。

（2）分装　每小组需 1 只 500ml 三角瓶和 6 支 10ml 试管，每瓶分装 225ml 生理氯化钠溶液（加几粒玻璃珠），每试管分装 9ml 生理氯化钠溶液。

（3）包扎标记　塞好硅胶塞，包上一层牛皮纸，用皮筋或棉线系好。

（4）灭菌　121℃ 高压蒸汽灭菌 15 分钟。

5. MC 和 MRS 培养基配制　称量→煮沸溶解→分装→包扎、标记→灭菌

（1）称量、溶解　按 MC/MRS 培养基的用法称取一定量培养基，溶于 1000ml 蒸馏水中，加热溶

解，补足蒸馏水至1000ml。

（2）分装、包扎　每组需2只250ml三角瓶，一瓶分装100ml MC培养基，另一瓶分装150ml MRS培养基。塞好硅胶塞，包上一层牛皮纸，用皮筋或棉线系好。在三角瓶上标明培养基名称、组别和日期等。

（3）灭菌　121℃高压蒸汽灭菌15分钟。

6. 凝固型功能酸奶中乳酸菌总数检验　前期准备→样品稀释→接种→倒平板→培养→菌落计数

（1）前期准备　除酸奶样品外，其他已灭菌的检验用品摆放于超级工作台内，紫外灭菌30分钟（超净台和洁净室）。手部消毒后带上无菌手套，先每2个皿盖标记稀释度10^{-5}、10^{-6}、10^{-7}和空白以及相同标记皿盖编号为1、2，最后8个皿盖上均标记日期和组号。在500ml三角瓶标记稀释度10^{-1}，在7支10ml试管上分别标记稀释度10^{-2}、10^{-3}、…、10^{-6}、10^{-7}和空白。

（2）样品稀释与接种

1）酸奶瓶酒精棉消毒后打开，混匀后称取25g样品置于盛有225ml无菌生理氯化钠溶液的三角瓶内，充分振荡摇匀，制成稀释度10^{-1}的样液。

2）用1ml无菌移液管吸取稀释度10^{-1}的样液1ml，沿管壁缓慢注于标记稀释度10^{-2}的盛有9ml稀释液的试管中（移液管的外壁和尖端不要接触试管内壁和液面），振荡混匀，制成稀释度10^{-2}的样液。

3）按上述操作，依次制备稀释度10^{-3}、10^{-4}、10^{-5}、10^{-6}、10^{-7}的样液，不同稀释度的样液要用不同的无菌移液管移液。

4）分别吸取1ml稀释度10^{-5}、10^{-6}、10^{-7}的样液于标记相同稀释度的2个无菌培养皿内。同时，各吸取1ml空白稀释液于标记空白对照的4个无菌培养皿内（空白对照）。

（3）倒平板　待MC培养基和MRS培养基（可放置于48℃±2℃恒温装置中保温）冷却至48℃后，及时向培养皿倾注15～20ml培养基，并转动培养皿使其混合均匀。

（4）培养与菌落计数　待培养基凝固后，倒置平板，MC培养基于36℃±1℃需氧培养72小时±2小时，MRS培养基于36℃±1℃厌氧培养72小时±2小时，菌落计数。

（五）实验结果

1. 原始数据表　凝固型功能酸奶菌落计数原始数据如表28－2所示。

表28－2　菌落计数原始数据表

稀释度	10^{-5}		10^{-6}		10^{-7}		空白对照	
培养皿编号	1	2	1	2	1	2	1	2
菌落数（CFU/MRS皿）								
菌落数（CFU/MC皿）								

2. 计算与报告　按“（二）乳酸菌总数检测方法”中菌落数计算原则和报告原则，计算和报告乳酸菌总数。根据《食品安全国家标准　发酵乳》（GB 19302—2010），乳酸菌总数≥1×10^6CFU/g（ml）时，凝固型功能酸奶中乳酸菌总数指标合格。

本实验若测得的乳酸菌总数≥1.0×10^6CFU/g，该凝固型功能酸奶中乳酸菌总数指标合格；若乳酸菌总数<1.0×10^6CFU/g，该凝固型功能酸奶中乳酸菌总数指标不合格。

（六）注意事项

1. 操作中必须有“无菌操作”的概念。
2. 每递增稀释一次即换用1支1ml灭菌的移液管。

3. 倾注用培养基应在 48℃水浴锅内保温。
4. 检样从开始稀释到倾注最后一个平板所用时间不宜超过 15 分钟。
5. 根据微生物对氧气的不同要求，采取相适宜的培养方式，以促进目标微生物的生长。

四、效果评价

项目	分值	评分标准	个人自评	小组互评	教师评价	各项得分
出勤纪律	10	能严格遵守实验纪律和安全规则，无任何违纪现象为满分				
操作技能	50	能熟练洗涤、包扎与灭菌所用玻璃器皿，能熟练正确制备 MC 培养基、MRS 培养基和生理氯化钠溶液，能独立完成功能酸奶中乳酸菌总数计数为满分				
实验结果	15	能规范记录和计算乳酸菌总数，并正确判定和报告实验结果为满分				
实验态度	10	实验中态度端正，不怕累、不怕苦，实验中积极主动、与小组同学分工协作为满分				
实验报告	15	符合要求，内容充实，字迹工整，结果准确，分析合理，独立完成为满分				
		总分（各项得分的平均值）				

五、问题情境

若酸奶中仅有乳杆菌属的乳酸菌，应采用哪种培养基和培养条件对乳酸菌总数进行计数？

参考答案

六、总结反馈

实验反思
实验过程中产生的问题，解决办法
心得体会

书网融合……

乳酸菌原始记录、计算结果和报告样稿

GB 4789. 35—2016

GB 19302—2010

实验二十九　高效液相色谱标准曲线法测定凝固型功能酸奶中叶黄素的含量

PPT

一、学习目标

（一）知识目标

1. 掌握高效液相色谱仪的操作、色谱定性和定量分析法。

2. 熟悉高效液相色谱仪的基本组成和结构。

3. 了解高效液相色谱法的基础知识。

（二）能力目标

1. 学会高效液相色谱分析法的基本工作流程，并能正确规范应用高效液相色谱标准曲线法进行凝固型功能酸奶中叶黄素含量的检测。

2. 能熟练运用 Excel 软件绘制标准曲线，能熟练应用高效液相色谱标准曲线法处理分析结果，并能对结果做出正确的判定。

（三）素质目标

1. 知晓标准曲线法在色谱定量分析中的重要性，能精确地制作标准曲线，培养精益求精的工匠精神。

2. 能规范操作和正确分析图谱，确保检测数据的真实、准确、可靠，培养实践能力和合法合规意识，依法检测、诚实守信的职业道德。

二、基本知识

（一）高效液相色谱法概述

1. 相关概念　高效液相色谱法（high performance liquid chromatography，HPLC）系采用高压输液泵将规定的流动相泵入装有填充剂的色谱柱，对供试品进行分离测定的色谱方法。注入的供试品，由流动相带入色谱柱内，各组分在柱内由于分配系数的不同被分离，并进入检测器检测，由积分仪或数据处理系统记录和处理色谱信号。

（1）色谱柱　由柱管和固定相组成。柱管多用不锈钢制成。根据分离原理不同，分为反相色谱柱、正相色谱柱、离子交换色谱柱、手性分离色谱柱等。

（2）固定相　固定在柱管内的填充物。

（3）流动相　沿固定相流动的液体。在反相色谱法中，常用甲醇、乙腈、水为流动相，并可加入一定浓度的缓冲溶液。

（4）色谱图　试样中的各组分经色谱柱分离后，按先后次序随流动相一起进入检测器，检测器将流动相中各组分浓度（或含量）的变化转变为相应的电信号，由记录仪记录下来，得到一条信号随时间变化的曲线，称为色谱流出曲线，又称色谱图。色谱流出曲线纵坐标为信号强度，横坐标为保留时间。色谱图上突起的部分称为色谱峰，正常的色谱峰是对称形正态分布曲线。色谱分析中常用拖尾因子（T）来评价色谱峰的对称性，除另有规定外，T 值应为 0.95～1.05。拖尾因子计算公式为：

$$T = W_{0.05h}/2d_1$$

式中，$W_{0.05h}$ 为 5% 峰高处的峰宽；d_1 为峰顶在 5% 峰高处横坐标平行线的投影点到峰前沿与此平行线交点的距离。

（5）基线　操作条件稳定后，仅有流动相通过检测器时，检测器所记录的信号随时间变化的曲线称为基线。基线通常与横轴平行，稳定的基线应是一条水平直线。

（6）保留时间（t_R）　是指从进样开始到某组分的色谱峰顶点的时间间隔。保留时间是色谱法的基本定性参数，但同一组分的保留时间常受到流动相流速的影响。由于相对保留时间只与柱温及固定相性质有关，而与柱径、柱长、填充情况及流动相流速无关，因此广泛用作定性的依据。

（7）峰高（h）　是指色谱峰顶点到基线之间的垂直距离。

（8）峰面积（A）　是指色谱峰与基线之间包围的面积。峰高或峰面积的大小和每个组分在样品中的含量有关，因此，色谱峰的峰高或峰面积是色谱法的基本定量参数。

（9）峰宽（W）　是指通过色谱峰两侧拐点做切线，与基线的两个交点间的距离。

（10）分配系数（K）　是指在一定温度和压力下，组分在两相中达到分配平衡时，其在固定相和流动相中的浓度之比，$K = c_s/c_m$。

（11）分离度（R）　在色谱图上，两个色谱峰之间的距离大，表明色谱柱对各组分的选择性好。在色谱分析中，色谱柱的选择性表明它对不同组分的分离能力，可定量的用分离度（分辨率）$R = \dfrac{2(t_{R_2} - t_{R_1})}{W_1 + W_2}$ 来表示。通常 $R \geqslant 1.5$ 时，两色谱峰分离程度可达 99.7%，因此常用 $R = 1.5$ 作为两色谱峰完全分开的标志。

2. 高效液相色谱法和气相色谱法的主要区别　高效液相色谱法是在经典液相色谱基础上，引入气相色谱理论和技术而发展起来的一种现代柱色谱分离分析方法。高效液相色谱法和气相色谱法的主要区别如表 29－1 所示。

表 29－1　HPLC 法和 GC 法的区别

方法	分析对象不同	流动相不同	操作条件不同
HPLC 法	溶解后能制成溶液的样品，不受样品挥发性和热稳定性的限制，对分子量大、难汽化、热稳定性差的样品均可检测，可检测的样品占有机物的 80%	流动相为液体，流动相与组分间有亲和作用力，能提高柱的选择性、改善分离度、对分离起正相作用	一般室温、高压
GC 法	能汽化、热稳定性好、沸点较低的样品，可检测的样品约占有机物的 20%	惰性气体，气体组分与流动相无亲和作用力，只与固定相有相互作用	常压、加温

3. 色谱原理　色谱法是一种分离分析方法，它是将混合物样品中的各组分先进行分离，然后顺次进行检测的分离与分析技术。两相及两相的相对运动构成了色谱法的基础，其实质是样品组分在两相间的分配平衡。当流动相中携带的混合物流经固定相时，便与固定相产生相互作用，由于混合物中各组分在性质和结构上的差异，与固定相和流动相的作用力大小、强弱不同，宏观上表现为各组分在固定相中移动速度的微小差异，既而随着流动相的移动，各组分在两相之间经过反复多次的分配平衡，使各组分与固定相间相互作用的微小差异被反复多次地累加和放大，最终表现为各组分被固定相保留的时间不同，从而按一定次序从固定相中先后流出。利用各组分保留时间、峰面积或峰高对混合物中各成分进行

定性、定量分析。

（二）高效液相色谱仪组成

高效液相色谱仪一般由高压输液系统、进样系统、分离系统、检测记录系统、数据处理系统五部分组成。

1. 高压输液系统　在高效液相色谱分析中，色谱柱内径一般为2.1～4.6mm，装填粒度2～10μm的固定相，其对流动相有高的阻力。输液系统的作用是向色谱柱提供压力高、流动速度稳定的流动相。高压输液系统包括贮液罐、高压输液泵、过滤器、脱气装置、梯度淋洗装置等。

（1）贮液瓶　用来贮存液体流动相。贮液瓶的材料应耐腐蚀，可为玻璃、不锈钢容器或特种塑料聚醚醚酮（PEEK），体积在0.5～2L为宜。贮液瓶要求能承受一定压力，耐腐蚀，易于脱气操作。分析中使用的流动相为有机溶剂、缓冲溶液、水及其混合物。使用前须进行脱气处理，以除去溶解其中的气体（如O_2），以防止洗脱时流动相由色谱柱流至检测器，因压力降低而产生气泡。若低死体积检测池中存在气泡会增加基线噪声，严重时会造成分析灵敏度下降，从而无法进行分析。流动相脱气常使用抽真空或超声振荡方法，脱气后的流动相液体应密封保存以防止外部气体的重新溶入。

（2）在线脱气装置　商品化的成套液相色谱一般均配有流动相脱气设备，如微型真空泵在线脱气，以脱除溶解在液体中的空气，防止溶解气在柱后由于压力下降而脱出，形成气泡，影响检测器正常工作。

（3）管道过滤器　在高压输液泵的进口和出口与进样阀之间，应设置过滤器。高压输液泵的柱塞和进样阀阀芯的机械加工精密度非常高，微小的机械杂质进入流动相，会导致上述部件的损坏；同时机械杂质在柱头的积累，会造成柱压升高，使色谱柱不能正常工作，因此管道过滤器安装十分必要。常用过滤装置是孔径为5～10μm的多孔性烧结不锈钢过滤筒。

（4）高压输液泵　高压输液泵的作用是将流动相以稳定的流速或压力输送到色谱仪，使样品在色谱柱中完成分离，因此，对高压输液泵要求压力稳定、流速恒定，流量可调节，泵体材料耐化学腐蚀、死体积小，具有较高的输出压力。

高压输液泵可分为恒流泵和恒压泵两种，目前高效液相色谱仪一般都配备往复式恒流泵。

（5）洗脱装置　主要用来控制分离过程中流动相的组成，一般采用等度洗脱和梯度洗脱两种方式。等度洗脱是在整个分离过程中，流动相的组成不变，这种方式柱效率相对较低，分析时间较长。梯度洗脱是使流动相中含有的两种或两种以上不同极性的溶剂，在洗脱过程连续或间断改变配比，以调节极性，从而使每个流出组分都有合适的容量因子，并使样品中所有组分可在最短分析时间内，以适用的分离度获得选择性地分离。梯度洗脱技术可提高柱效、缩短分析时间，并可改善检测器的灵敏度。对于复杂混合物，特别是保留性能相差较大的混合物的分离是极为重要的手段。

2. 进样系统　是将待分析样品引入色谱柱的装置。进样系统密封性好，死体积小，重复性好，保证中心进样，进样时对色谱系统的压力、流量影响小。进样方式可分为注射进样器、六通阀进样和自动进样器等。

六通阀进样，取样时，流动相直接进柱，进样口与定量环连接，样品充满定量环后，多余样品流出；进样时，泵将流动相泵入定量环，将样品全部携带进入色谱柱分析。

自动进样装置，是由计算机自动控制定量阀工作。取样、进样、复位、样品管路清洗和样品盘的转动，全部按预定程序自动进行，一次可实现几十或上百个样品的自动分析。自动进样的样品量可连续调节，进样重复性高，适合做大量样品分析。

样品溶液进样前必须用0.45μm滤膜过滤，以减少微粒对进样阀和色谱柱的磨损；手动进样时，转动阀芯时不能太慢，更不能停留在中间位置，否则流动相受阻，使泵内压力剧增，甚至超过泵的最大压力；再转到进样位时，过高的压力将使柱头损坏；为防止缓冲盐和样品残留在进样阀中，每次分析结束后应冲洗进样阀。通常可用水冲洗，或先用能溶解样品的溶剂冲洗，再用水冲洗。

3. 流动相 流动相组成改变，极性（介电常数）改变，可显著改变组分分离状况。

液-液分配色谱按照流动相与固定相的极性大小不同，将高效液相色谱法分为正相色谱法和反相色谱法。流动相极性小于固定相为正相液相色谱法，所用的色谱柱称为极性柱，也称正相柱；流动相极性大于固定相为反相液相色谱法，所用的色谱柱称为非极性柱，也称反相柱。相同组分在两种类型分离柱上出峰顺序相反。

常用的 HPLC 法流动相极性大小顺序为石油醚 < 庚烷 < 己烷 < 二硫化碳 < 二甲苯 < 甲苯 < 氯丙烷 < 苯 < 溴化苯 < 二氯甲烷 < 三氯甲烷 < 异丙醚 < 硝基甲烷 < 乙酸乙酯 < 乙醚 < 乙酸乙酯 < 正戊烷 < 正丁醇 < 苯酚 < 甲乙醇 < 叔丁醇 < 四氢呋喃 < 二氧六环 < 丙酮 < 乙醇 < 乙腈 < 甲醇 < *N*,*N*-二甲基酰胺 < 水。

正相色谱法采用极性固定相（如聚乙二醇、氨基与腈基键合相），流动相为相对非极性的疏水性溶剂（烷烃类如正己烷、环己烷），加入乙醇、异丙醇、四氢呋喃、三氯甲烷等以调节组分的保留时间。常用于分离中等极性和极性较强的化合物（如酚类、胺类、羰基类及氨基酸类等）。

反相色谱法一般采用非极性固定相（如 C_{18}、C_8），流动相为水或缓冲液，加入甲醇、乙腈、异丙醇、丙酮、四氢呋喃等与水互溶的有机溶剂以调节保留时间。适用于分离非极性和极性较弱的化合物。反相色谱法在现代液相色谱中应用最为广泛，据统计，它占整个 HPLC 应用的 80% 左右。

流动相的组成通常采用两种或两种以上的溶剂组成的混合溶剂，pH 应在相应范围内（一般 pH 为 2～8）。对于一些有机弱酸、弱碱与两性化合物的分离，流动相中需加入少量的弱酸、弱碱或缓冲溶液为抑制剂（常用乙酸、氨水、磷酸盐、醋酸盐），以达到提高分离度和改善峰型的作用。对于一些较强的酸或碱，这些可采用离子对色谱法、离子交换色谱法进行分离。对于极性化合物，常采用正相键合相硅胶，流动相采用亲脂性有机溶剂，烷烃（正己烷）中加入适量的极性调整剂（如三氯甲烷、甲醇等）。

流动相使用前要脱气，否则会降低柱效。常用的流动相脱气方法有加热回流法、超声波脱气法、抽真空脱气法、在线脱气法等。使用流动相要清洁，防止任何固体微粒进入泵体，色谱纯试剂，水要用二次重蒸馏水（超纯水），流动相要经过（0.45μm 或 0.22μm）微孔滤膜过滤，脱气处理，泵的入口都应连接砂滤。微孔滤膜可分为水系和有机系，水系的微孔滤膜只能过滤水，不能过滤有机溶剂。流动相不应含有任何腐蚀性物质，含有缓冲盐的流动相不应保留在泵内，尤其是在停泵过夜或更长时间的情况下；泵工作时要留心防止溶剂瓶内的流动相被用完；输液泵的工作压力不要超过规定的最高压力。

4. 色谱分离系统 分离系统是高效液相色谱仪最重要的部分，其核心是色谱柱。色谱柱是色谱仪的心脏，由柱管和固定相组成，其核心是优质的固定相。液相色谱柱一般采用内壁抛光的不锈钢管或厚壁玻璃管。为使工作压力不至于过高，柱长都比较短，一般在 5～30cm，柱内径 2.1～4.6mm。按用途可分为分析型和制备型。

色谱柱使用应注意：色谱柱的方向不能装反（箭头方向与流动相方向一致）；避免使用纯水作为流动相；流动相不能含有固体颗粒和气泡；柱压的突然升高或降低也会冲动柱内填料，因此在调节流速时应该缓慢进行；进样样品要提纯，用 0.45μm 或 0.22μm 滤膜过滤，必要时可加保护柱（一般是填有相似固定相的短柱），经常用强溶剂冲洗色谱柱，清除保留在柱内的杂质。

色谱柱在任何情况下不能碰撞、弯曲或强烈振动；分析测定结束后，都要及时用适当的溶剂来清洗色谱柱，若使用的流动相中含有缓冲盐，必须先要用含 5%～10% 有机溶剂的水，将缓冲盐冲洗干净，再用高浓度有机溶剂冲洗；若分析柱长期不使用，应用适当有机溶剂保存并封闭；避免使用高黏度的溶剂作为流动相。

5. 检测记录系统　高效液相色谱检测系统要求具有高灵敏度、噪声小、线性范围宽、响应快、死体积小等特点，且对温度和流量变化不敏感。根据试样的性能选用适当的检测器。目前，液相色谱法常用检测器有紫外检测器（UVD）、示差折光检测器（RID）、光电二极管阵列检测器（DAD）、蒸发光散射检测器（ELSD）、荧光检测器（FD）、电化学检测器（ECD）等。

（1）紫外检测器（UVD）　液相色谱应用最广泛的检测器，属于浓度型检测器。在进行高效液相色谱分析的样品中，约有80%的样品可使用该种检测器。UVD主要包括固定波长和可变波长两种类型，适用于有紫外吸收物质的检测，其工作原理是基于被分析试样组分对特定波长光的选择性吸收，组分浓度与吸光度的关系遵循朗伯－比尔定律。UVD的灵敏度高（检测下限可达10^{-9}g/ml），线性范围宽，对温度和流速不敏感，可用于梯度洗脱。

（2）光电二极管阵列检测器（DAD）　20世纪80年代发展起来的一种新型紫外吸收检测器，是紫外－可见光度检测器的一个重要进展。与普通紫外吸收检测器相比，DAD进入流通池的不再是单色光，获得的检测信号也不是在单一波长上的，而是在全部紫外光波长上的色谱信号。因此它不仅可进行定量检测，还可提供组分的光谱定性信息。

（3）示差折光检测器（RID）　通用型检测器（每种物质具有不同的折光指数）。除紫外检测器之外应用最多的检测器，可连续检测参比池和样品池中流动相之间的折光指数差值，差值与浓度成正比。灵敏度低，对温度敏感，不能用于梯度洗脱。

（4）蒸发光散射检测器（ELSD）　通用型和质量型检测器，适于挥发性低于流动相的任何样品组分，尤其适合无紫外吸收的成分如皂苷、多糖等。但其灵敏度较紫外检测器低，噪声大，不能使用非挥发性缓冲盐作为流动相。

6. 数据处理系统（化学工作站）　HPLC的数据处理系统主要有记录仪、色谱数据处理机和色谱工作站，其作用是记录和处理色谱分析的数据，目前使用最广泛的是色谱数据处理机和工作站。色谱工作站可以色谱参数设置、数据谱图处理、存储等。

（三）定性、定量方法

1. 定性分析　高效液相色谱法的常用的定性分析方法主要包括但不限于利用保留时间定性、利用光谱相似度定性、利用质谱检测器提供的质谱信息定性等。

（1）利用保留时间定性　保留时间为被分离组分从进样到柱后出现该组分最大响应值时的时间，也即从进样到出现某组分色谱峰的顶点时为止所经历的时间，常以分钟（min）为时间单位，用于反映被分离的组分在性质上的差异。通常以在相同的色谱条件下待测成分的保留时间与对照品的保留时间是否一致作为待测成分定性的依据。

在相同的色谱条件下，待测成分的保留时间与对照品的保留时间应无显著性差异；两个保留时间不同的色谱峰归属于不同化合物，但两个保留时间一致的色谱峰有时未必可归属为同一化合物，在作未知物鉴别时应特别注意。若改变流动相组成或更换色谱柱的种类，待测成分的保留时间仍与对照品的保留时间一致，可进一步证实待测成分与对照品为同一化合物。

当待测成分（保留时间t_{R_1}）：无对照品时，可以样品中的另一成分或在样品中加入另一已知成分作为参比物（保留时间c_{R_2}），采用相对保留时间（*RRT*）作为定性（或定位）的方法。除另有规定外，相对保留时间通常是指待测成分保留时间相对于主成分保留时间的比值，以未扣除死时间的非调整保留时间。

$$RRT = \frac{t_{R_1}}{t_{R_2}}$$

（2）利用光谱相似度定性　化合物的全波长扫描紫外－可见光区光谱图提供一些有价值的定性信息。待测成分的光谱与对照品的光谱的相似度可用于辅助定性分析。二极管阵列检测器开启一定波长范围的扫描功能时，可以获得更多的信息，包括色谱信号、时间、波长的三维色谱光谱图，既可用于辅助定性分析，还可用于峰纯度分析。

同样应注意，两个光谱不同的色谱峰表征了不同化合物，但两个光谱相似的色谱峰未必可归属为同一化合物。

（3）利用质谱检测器提供的质谱信息定性　利用质谱检测器提供的色谱峰分子质量和结构的信息进行定性分析，可获得比仅利用保留时间或增加光谱相似性进行定性分析更多的、更可靠的信息，不仅可用于已知物的定性分析，还可提供未知化合物的结构信息。

2. 定量分析　在色谱分析中的定量分析就是要根据色谱峰的峰高或峰面积来计算样品中各组分的含量。色谱定量分析的依据是在一定的色谱条件下，组分 x 的质量或浓度与检测器的响应信号（峰面积 A_x或峰高 h_x）成正比。即

$$c_x = f_x^A A_x \text{或} c_x = f_x^h h_x$$

式中，c_x为组分 x 的浓度；f_x^A和f_x^h为定量校正因子。

定量分析方法主要有外标法、内标法和面积归一化法等。由于液相色谱检测器对不同物质的响应值存在较大差异，较少使用面积归一化法。内标法详见本书实验二十六。本实验重点学习外标法和面积归一化法。

（1）外标法　又称为标准曲线法，是所有定量分析中最通用的一种方法。外标法又可分为标准曲线法和外标一点法。

1）外标标准曲线法　将待测组分的纯物质配成不同浓度的标准溶液，在一定操作条件下，分别取相同体积的标准溶液进样分析，从得到的色谱图上得出相应信号峰面积 A（或峰高 h），绘制 $A-c$（或 $h-c$）的标准曲线。在完全相同的色谱条件下，取相同体积的样品溶液进样分析，根据所得的峰面积 A_x或峰高 h_x从标准曲线上查得含量。

2）外标一点法　在已经组分标准曲线呈线性的情况下，可以不必绘制标准曲线，而用外标一点法测定。即配制一个与被测组分含量相近的标准溶液，在相同条件下先后进样分析，由被测组分和标准组分的峰面积比（或峰高比），求出被测组分的含量。即

$$c_x = \frac{A_x}{A_s} \times c_s$$

式中，c_x为被测组分的含量；A_x为被测组分的峰面积；A_S为标准组分的峰面积；c_s为标准组分的含量。

外标法的优点是操作简单，不需要校正因子，计算方便，适于日常控制分析和大量同类样品分析。但外标法要求进样量十分准确，操作条件需严格控制。测定结果的准确度取决于进样量的重现性和操作条件的稳定性。采用外标法测定时，以手动进样器定量环或自动进样器进样为宜。

（2）面积归一化法　配制供试品溶液，取一定量进样，记录色谱图。测量各峰的面积和色谱图上除溶剂峰以外的总色谱峰面积，计算各峰面积占总峰面积的百分率。

面积归一化法简单、准确，对进样量要求不严，操作条件变化时对定量结果影响不大，这种方法常用于常量分析。但归一化法要求样品的所有组分必须全部流出且出峰，测量低含量尤其是微量杂质时，

误差较大。

（四）高效液相色谱仪的操作

高效液相色谱仪的型号很多，但基本操作包括准备→开机→分析→关机等四个步骤。

1. 准备　准备所需的流动相，必须为色谱纯，用 0.45μm 滤膜过滤，超声脱气 20 分钟。水和有机相所用的微孔滤膜不同，有机相的过滤用有机膜，水过滤用水膜。

配制样品和对照品溶液（也可在平衡系统时配制），用 0.45μm 或 0.22μm 滤膜过滤。根据待检样品的需要更换合适的色谱柱（注意方向）和定量环。检查仪器各部件的电源线、数据线和输液管道是否连接正常。

2. 开机　接通电源，依次开启高效液相色谱仪各组成部件的电源，待仪器自检结束后，打开电脑显示器、主机，最后打开色谱工作站。

3. 分析

（1）更换流动相并排气泡　将吸滤器放入装有流动相的储液瓶中，顺时针转动泵的排液阀（purge 阀）180°，打开 purge 阀；按下排液键（purge 键），泵以 3～10ml/min 的流速冲洗 5 分钟（可设定）；purge 结束后将 purge 阀逆时针旋转适度拧紧，关闭 purge 阀。如管路中仍有气泡，则重复以上操作直至气泡排尽。

（2）设置或调用方法，运行方法　设定色谱参数，如检测波长、流速、流动相比例、梯度设定、柱温等，保存并运行设定的方法。

（3）分析样品　运行一段时间后，待基线、柱压稳定后即可进行进样，一般先进对照品，再进样品，得到色谱图。

（4）定性、定量分析　保留时间定性分析，峰面积或峰高外标法或内标法定量分析。

4. 关机　分析完毕后，先关检测器，再用经过滤和脱气的适当溶剂清洗色谱系统，正相柱一般用正己烷，反相柱如使用过含酸或盐流动相，则先用水（含 5% 甲醇），然后用甲醇 - 水（如 90∶10，V∶V）冲洗，最后用甲醇保留色谱柱，特殊情况应延长冲洗时间。冲洗完毕后，逐步降低流速至 0，关泵，进样器也应用相应溶剂冲洗，可使用进样阀所附专用冲洗接头。关工作站、关电脑、关闭电源，做好使用登记。

三、实践训练

本实验按《食品安全国家标准　食品中叶黄素的测定》（GB 5009.248—2016）规定的高效液相色谱外标标准曲线法测定凝固型功能酸奶中叶黄素含量。样品经氢氧化钾溶液室温皂化后使叶黄素游离后，再用萃取溶液（乙醚∶正己烷∶环己烷 =40∶40∶20，体积比）提取后，液相色谱法分离，紫外检测器检测，保留时间定性，外标标准曲线法定量。

（一）任务分组

以小组为单位进行，建议每个小组 2～3 人，开始实验前初步确定每位同学在组内的具体分工。学生以小组为单位按照高效液相色谱法测定凝固型功能酸奶中叶黄素含量要求进行实验操作。

小组成员		任务分工
姓名	学号	

（二）实验材料与试剂

凝固型叶黄素功能酸奶（实验用样品，自制）、叶黄素工作标准品、无水乙醇（色谱纯）、超纯水、二丁羟基甲苯（BHT）、氢氧化钾、正己烷（色谱）、乙醚（色谱纯）、环己烷（色谱纯）、乙醚（色谱纯）、甲基叔丁基醚（色谱纯）等。

（三）实验仪器与设备

高效液相色谱仪（带紫外检测器）、分析天平、组织捣碎机、涡旋振荡器、离心机、减压浓缩装置、0.45μm 有机系滤膜、离心管、容量瓶等。

（四）实验过程

1. 试剂配制

（1）20% 氢氧化钾溶液　称取 20g 氢氧化钾，加水溶解稀释至 100ml。

（2）0.1% BHT 乙醇溶液　称取 0.1gBHT，加 100ml 乙醇溶解，混匀。

（3）萃取溶剂　称取 1gBHT，加 200ml 环己烷溶解，加入 400ml 乙醚和 400ml 正己烷，混匀。

2. 标准溶液配制

（1）叶黄素标准储备液（50μg/ml）　准确称取 5mg 叶黄素工作对照品，用 0.1% BHT 乙醇溶液溶解并定容至 100ml，制得 50μg/ml 叶黄素标准储备液。

（2）叶黄素标准工作液　分别准确移取 0.050ml、0.100ml、0.200ml、0.400ml、1.00ml 叶黄素标准储备液置于 5 个 25ml 棕色容量中，用 0.1% BHT 乙醇溶液定容至刻度，得到浓度分别为 0.100μg/ml、0.200μg/ml、0.400μg/ml、0.800μg/ml、2.00μg/ml 的系列叶黄素标准工作液，过 0.45μm 滤膜，供液相色谱测定。

3. 供试品溶液配制

（1）皂化　准确称取 5g 搅拌混合均匀的凝固型功能酸奶样品置于 50ml 离心管中，加入约 0.2gBHT 和 10ml 乙醇，混匀，加入 2ml 20% 氢氧化钾溶液，涡旋混合 1 分钟，室温避光振荡皂化 30 分钟。

（2）萃取　皂化完成后，加 10ml 萃取溶液（乙醚∶正己烷∶环己烷 = 40∶40∶20，体积比）避光涡旋振荡提取 3 分钟，4500r/min 离心 3 分钟，重复提取 2 次，合并提取液，加 10ml 水洗涤，4500r/min 离心 3 分钟分层，收集有机相，重复洗涤 1 次，合并 2 次有机相于室温或减压浓缩至近干。

（3）溶解、过滤　加 0.1% BHT 乙醇溶液涡旋振荡溶解浓缩近干的残渣，并定容至 25ml，过 0.45μm 滤膜，制得供试品溶液，供液相色谱测定。

4. 色谱参考条件

（1）色谱柱　C_{30} 柱，250mm（柱长）×4.6mm（内径）×5μm（固定相颗粒大小）或等效柱。

（2）流动相　甲醇/水（88∶12，体积比，含 0.1% BHT）－甲基叔丁基醚（含 0.1% BHT），梯度洗脱，0～18 分钟，甲醇/水由 100% 变换为 10%；18.1 分钟，甲醇/水由 10% 变换至 100%，保留 10 分钟。

（3）流速　1.0ml/min。

（4）柱温　30℃。

（5）检测波长　445nm。

（6）进样量　20μl。

5. 液相色谱测定过程　以 LC－20AT 液相色谱仪为例，测试过程如下。

（1）准备　流动相、标准溶液和供试品溶液、色谱柱等的准备。流动相配制所用的有机相必须是色谱级的，所用的水必须是双重蒸馏水。流动相必须经过0.45μm以下的微孔滤膜过滤再超声脱气后方能进入LC－20AT系统。供试品溶液也必须用0.45μm的微孔滤膜过滤后才能进样。按照色谱柱标示方向安装C_{30}色谱柱，流动相流动方向与色谱柱标示一致，无漏液。

（2）开机　打开LC－20AT各单元电源，控制器电源，电脑，【LC－solution工作站】，开机后能听到“哔”声。

（3）工作站的进入及系统的开启　双击桌面上的【lab solution】图标，单击【分析】进入工作站。首先打开泵上的排气阀（open方向旋转180度）。然后按泵面板上的【purge】键开始自动清洗流路3分钟，再次按下【purge】键，关上排气阀（close方向旋转180度），然后再分析参数设置页中设置流速1.0ml/min，并设置合适的检测波长，柱温，梯度洗脱，停止时间。完成后点击【Download】将分析参数传输至主机。

分析方法保存：选择文件－保存方法文件为－取名保存文件。

系统的启动：点击【instrument on/off】键开启系统（此时泵开始工作）。

（4）进样准备，平衡色谱系统　观察基线及柱压，待基线平直，压力稳定时方可进样。

（5）进样　点击助手栏中的【单次运行】键，弹出对话框，在对话框中输入“样品名”“方法”“数据文件”等。填完后点击【确定】，出现触发窗口，（手动进样）进样，仪器开始自动采集分析。

1）手动六通阀进样　用待测液（已用微孔滤膜过滤）多次润洗微量注射器，取20μl；将六通阀进样器置于load状态，将液体全部注入六通阀进样器，将其快速扳至inject状态。

2）自动进样器进样　将待测液（已用微孔滤膜过滤）置于样品瓶中，置于样品架上，设定好序列，数据等参数。

先进样分析系列叶黄素标准工作液，测定相应的峰面积和保留时间。再测定供试品溶液，与叶黄素标准工作液等体积进样，记录色谱图。

（6）数据文件的调用及查看　点击助手栏中的【数据分析】键，打开数据处理窗口。打开文件搜索器，定位至数据文件所在文件夹，选择文件的类型，双击文件名即可打开数据文件（此时可以查看峰面积、保留时间等参数）。

（7）数据文件中图谱及数据的打印

1）报告模板的制作　在助手栏中选择【报告模板】键，出现空白页后，点击【样品信息】、【LC\PDA色谱】、【LC\PDA峰表】等快捷按钮，在空白页中拖拽鼠标，即可一次加入相应的统计信息。

2）报告模板的保存　【文件】—【保存报告模板文件】。

3）数据文件的打印　在文件搜索器中选择欲打印的数据文件，拖拽至报告模板中，然后点击助手栏中的打印按钮即可（也可根据不同方法进行定量处理后打印）。

（8）关机　测试完毕后，先关检测器，再用经过滤和脱气的甲醇/水（90∶10，体积比）冲洗30分钟，再用100%甲醇冲洗30分钟。冲洗完毕后关机，关机与开机顺序相反，先关闭【LC－solution工作站】，关控制器，关LC各单元电源。

（五）结果计算

1. 原始数据表　将测得的系列叶黄素标准溶液和供试品溶液的峰面积分别对应填入表29－1，并以标准工作液的浓度为横坐标，以峰面积为纵坐标，利用Excel软件绘制标准曲线，求出线性方程和线性相关系数。将供试品溶液测得的峰面积带入线性方程中，计算出样品溶液中叶黄素的浓度。

表 29－1　原始数据表

序号	叶黄素浓度 c（μg/ml）	峰面积（A）
标准工作液 1	0.100	
标准工作液 2	0.200	
标准工作液 3	0.400	
标准工作液 4	0.800	
标准工作液 5	2.00	
供试品溶液		

2. 定性分析　根据标准溶液叶黄素色谱峰的保留时间，对供试品溶液的色谱峰根据保留时间进行定性。供试品溶液中叶黄素色谱峰的保留时间与标准溶液相比，变化范围应在 ±2.5% 以内。

3. 叶黄素含量定量分析　样品中叶黄素含量按下式计算。

$$X=\frac{c\times 25\times 100}{m\times F}$$

式中，X 为样品中叶黄素含量，μg/100g；c 为从标准曲线中计算出的供试品溶液中叶黄素浓度，μg/ml；m 为样品的称样量，g；25 为样品最终定容体积，ml；F 为校正系数（可通过以下方法获得：用液相色谱分析供试品溶液，将顺式与反式叶黄素色谱峰面积加和作为总峰面积，其中全反式叶黄素峰面积除以总峰面积所得值为校正系数）。

样品平行测定两次，以两次独立测定结果的算术平均值表示，计算结果保留三位有效数字。在重复性条件下获得的两次独立测定结果的绝对差值不得超过算术平均值的 15%。

样品中叶黄素的测得量大于等于标示量，即合格；如小于标示量，为不合格。

（六）注意事项

1. 流动相和测试溶液进样前必须使用微孔滤膜过滤，蒸馏水要每天更换。过滤有机溶剂使用有机系膜，不得使用水膜。流动相使用前必须进行脱气。

2. 安装色谱柱方向不能装反，否则冲塌固定相，影响分离效能。

3. 手动进样时，用微量注射器取待测样品时，取样体积应大于进样体积，针筒内不得有气泡。如果有气泡，将针头朝上，待气泡上升到注射器筒顶部时，缓缓推动活塞杆，排出气泡。

四、效果评价

项目	分值	评分标准	个人自评	小组互评	教师评价	各项得分
出勤纪律	10	能严格遵守实验纪律和安全规则，无任何违纪现象为满分				
操作技能	50	完全符合实验规定操作要求，能熟练正确操作高效液相色谱仪，能依法配制溶液和流动相、绘制标准曲线为满分				
实验结果	15	能规范记录原始数据，正确定性分析和定量计算实验结果，准确判定结果为满分				
实验态度	10	实验中态度端正，不怕累、不怕苦，实验中积极主动、与小组同学分工协作为满分				
实验报告	15	符合要求，内容充实，字迹工整，独立完成为满分				
		总分（各项得分的平均值）				

五、问题情境

参考答案

1. 为什么作为高效液相色谱仪的流动相在使用前必须过滤、脱气？

2. 采用外标法测定褪黑素片中褪黑素的含量，测定方法如下。

色谱条件：色谱柱：C_{18}，4.6mm × 250mm；检测波长：222nm；流速：0.8ml/min；流动相：甲醇：水：三氟乙酸 = 45：55：0.05。

标准溶液的配制：精确称量 30mg 褪黑素标准品于 100ml 容量瓶中，加入 70% 乙醇溶解后定容至刻度。准确吸取 2ml 上述溶液于 10ml 容量瓶中，加入流动相定容至刻度，混匀后经 0.45μm 滤膜过滤后进行色谱分析。

供试品溶液的制备：精确称量供试品粉末 0.5012g 于 10ml 量瓶中，以 70% 乙醇定容至刻度，使用超声波清洗器提取 10 分钟。将提取液离心至澄清。精密量取上清液 2ml 于 10ml 容量瓶中，以流动相定容至刻度，混匀后经 0.45μm 滤膜过滤后进行色谱分析。

测定方法：精密量取 10μl 标准溶液及供试品溶液注入高效液相色谱仪中，以保留时间定性，以试样峰高或峰面积与标准比较定量。

问题　（1）该高效液相色谱分析是正相还是反相色谱法？

（2）已知：供试品溶液中被测成分峰面积 $A_{供} = 4340$；褪黑素对照品峰面积 $A_{对} = 3945$；平均片重为 0.3127g/片。褪黑素片中褪黑素的标示量为 1.60mg/片，请问该样品含量测定是否符合规定？

六、总结反馈

实验反思
实验过程中产生的问题，解决办法
心得体会

书网融合……

GB 5009.248—2016

实验三十　叶黄素咀嚼片功效成分含量测定方法学验证

PPT

一、学习目标

（一）知识目标

1. 掌握功效成分含量测定分析方法验证的具体过程。
2. 熟悉功效成分含量测定分析方法验证的内容。
3. 了解含量测定分析方法验证的意义。

（二）能力目标

1. 能依法熟练进行功效成分含量测定分析方法验证方案的起草。
2. 能依法熟练进行功效成分含量测定分析方法验证。
3. 能对各验证项目进行正确的计算和判定，得出验证结论，并能撰写合格的验证报告。

（三）素质目标

1. 在含量测定分析方法验证内容设计和验证过程中，培养方法学验证的思路，训练综合运用所学知识解决实际问题的实践能力，在实践中交流合作，科学探索。

2. 在含量测定分析方法验证过程中，培养严谨认真、注重细节、讲求效率、合理规划的良好品质。

提示：本实验可作为综合设计性实验组织教学。

二、基本知识

（一）含量测定分析方法验证的意义

分析方法验证的目的是证明建立的方法适合于相应检测要求。在建立新产品质量标准、变更生产工艺或产品组分、修订原分析方法时，需对分析方法进行验证。验证的分析项目包括鉴别试验、杂质测定和含量测定等。

验证的指标包括专属性、准确度、精密度（包括重复性、中间精密度和重现性）、检测限、定量限、线性、范围和耐用性。在分析方法验证中，须用标准物质进行试验。由于分析方法具有各自的特点，并因分析对象而变化，因此需要根据具体情况拟定验证的指标。

（二）含量测定分析方法验证的内容

1. 专属性　主要考察其他成分（如杂质、降解产物、辅料等）可能存在下，采用的分析方法能正确测定出被测物的能力。功效成分含量测定应考察其专属性，如方法专属性不强，应采用一种或多种不同原理的方法予以补充。

含量测定专属性测试中，采用色谱法和其他分离方法的，应附代表性图谱、以说明方法的专属性，并标明各成分在图中的位置，色谱法中的分离度应符合要求。

在杂质对照品可获得的情况下，对于含量测定，试样中可加入杂质或辅料，考察测定结果是否受干扰，并可与未加杂质或辅料的试样比较测定结果。

在杂质或降解产品不能获得的情况下，可采用强光照射、高温、高湿、酸（碱）水解或氧化的方法进行强制破坏，以研究可能的降解产物和降解途径对含量测定的影响。

2. 准确度　是指所建立方法测定的结果与真实值或参比值接近的程度，一般用回收率（%）表示。准确度应在规定的线性范围内试验。

在规定范围内，取同一浓度（相当于100%浓度水平）的供试品，用至少6份样品的测定结果进行评价；或设计至少3种不同浓度，每种浓度分别制备至少3份供试品溶液进行测定，用至少9份样品的测定结果进行评价，且浓度的设定应考虑样品的浓度范围。

原料含量测定方法准确度测试，可以采用已经纯度的对照品或供试品进行准确度测定。制剂产品也可以用在配方量空白辅料加入已知量被测物对照品进行测定。如不能得到制剂辅料的全部组分，可向待测制剂中加入已知量的被测物进行测定。

数据处理时应报告供试品取样量、供试品含有量、对照品加入量、测定结果和回收率（%）计算值，以及回收率（%）的相对标准偏差（RSD%）。样品中待测成分含量和回收率限度可参考表30-1，组分含量低于0.01%时，回收率限度可适当放宽。

表30-1　样品中待测成分含量与回收率限度

待测成分含量（%）	回收率限度（%）
100	98～101
10	95～102
1	92～105
0.1	90～108
0.01	85～110
0.001	80～115
0.0001	75～120

3. 精密度　含量测定需要考察方法的精密度。精密度是指在规定的测试条件下，同一份均匀样品，经多次取样测定所得结果之间的接近程度。精密度一般用偏差、相对标准偏差等表示。

在相同条件下，由同一分析人员测定所得结果的精密度称为重复性；在同一实验室内，由不同人员，在不同时间、不同设备等测定结果之间的精密度称为中间精密度。

（1）重复性　在规定范围内，取同一浓度（分析方法拟定的样品测定浓度，相当于100%浓度水平）的供试品，用至少6份的测定结果进行评价；或设计至少3种不同浓度，每种浓度分别制备至少3份供试品溶液进行测定，用至少9份样品的测定结果进行评价。采用至少9份测定结果进行评价时，浓度的设定应考虑样品的浓度范围。

（2）中间精密度　考察随机变动因素，如不同日期、不同分析人员、不同仪器对精密度的影响，应进行中间精密度试验。

（3）数据要求　精密度和中间精密度均应报告标准偏差、相对标准偏差。样品中待测定成分含量和精密度RSD可接受范围参考表30-2。基质复杂、组分含量低于0.01%及多成分等分析中，精密度限度可适当放宽。

表 30-2 样品中待测成分含量与精密度可接受范围关系

待测成分含量（%）	重复性（RSD，%）
100	1
10	1.5
1	2
0.1	3
0.01	4
0.001	6
0.0001	8

4. 检测限 是指试样中被测物质被检测出的最低量。最常用的方法为信噪比法，用于能显示基线噪声的分析方法，即把已知低浓度试样测出的信号与空白样品测定出的信号进行比较，计算出被可靠地检测出的被测物质最低浓度或量。一般以信噪比为 3：1 时相应浓度或注入仪器的量确定检测限。检测限数据报告应附测定图谱，说明试验过程和检测限结果。

5. 定量限 是指试样中被测物质能被定量测定的最低量，其测定结果应符合准确度和精密度要求。定量限测定最常用的方法为信噪比法，用于能显示基线噪声的分析方法，即把已知低浓度试样测出的信号与空白样品测定出的信号进行比较，计算出被可靠地定量的被测物质最低浓度或量。一般以信噪比为 10：1 时相应浓度或注入仪器的量确定定量限。定量限数据报告应附测定图谱，说明试验过程和定量限结果。

6. 线性 系指在设计的范围内，线性试验结果与试样中被测物浓度直接成比例关系的能力。应在设计的范围内测定线性关系。可用同一对照品贮备液经精密稀释，或分别精密称取对照品，制备一系列对照品溶液的方法进行测定，至少制备 5 个不同浓度水平。以测得的响应信号作为被测物浓度的函数作图，观察是否呈线性，再用最小二乘法进行线性回归。必要时，响应信号可经数学转换，再进行线性回归计算，或者可采用描述浓度-响应关系的非线性模型。

线性数据报告应列出回归方程、相关系数、线性图（或其他数学模型）等。

7. 范围 系指分析方法能达到精密度、准确度和线性要求时的高低限浓度或量的区间。范围应根据分析方法的具体应用及其线性、准确度、精密度结果和要求确定。原料和制剂含量测定，范围一般为测定浓度的 80%～120%，制剂含量均匀度检查，范围一般为测定浓度的 70%～130%。

8. 耐用性 系指在测定条件有小的变动时，测定结果不受影响的承受程度，为所建立的方法用于常规检验提供依据。开始研究分析方法时，就应考虑其耐用性。如果测试条件要求苛刻，则应在方法中写明，并注明可以接受变动的范围，可以先采用均匀设计确定主要影响因素，再通过单因素分析等确定变动范围。典型的变动因素有被测溶液的稳定性、样品的提取次数、时间等。液相色谱法中典型的变动因素有流动相的组成和 pH、不同品牌或不同批号的同类型色谱柱、柱温、流速等。气相色谱法变动因素有不同品牌或批号的色谱柱、不同类型的担体、载气流速、柱温、进样口和检测器温度等。

经试验，测定条件小的变动应能满足系统适用性试验要求，以确保方法的可靠性。

三、实践训练

本实验对建立的叶黄素咀嚼片中功效成分（叶黄素）含量测定方法进行方法学验证，验证项目包括专属性、线性、精密度、准确度、稳定性等。

（一）任务分组

以小组为单位进行，建议每个小组2～3人，开始实验前初步确定每位同学在组内的具体分工。学生以小组为单位进行叶黄素咀嚼片功效成分含量测定方法验证方案起草和验证实验操作。

小组成员		任务分工
姓名	学号	

（二）实验材料与试剂

叶黄素咀嚼片（实验用样品，其功效成分叶黄素含量为2.22%）、叶黄素工作对照品、空白辅料、纯化水、无水乙醇。

（三）实验仪器与设备

电子分析天平、紫外－可见分光光度计、超声波清洗仪、恒温水浴锅、移液管、容量瓶。

（四）实验过程

1. 叶黄素咀嚼片功效成分含量测定方法　叶黄素咀嚼片是以叶黄素微粒为主要原料，辅以木糖醇、微晶纤维素、羟丙甲基纤维素、硬脂酸镁，经混合、制粒、干燥、压片等工艺制成的经人体试食试验证明具有缓解视疲劳功能的保健食品，其功效成分叶黄素含量为2.22%。功效成分含量测定方法参考浙江制造团体标准《复配食品添加剂　叶黄素微粒》（T/ZZB 0405—2018）复配食品添加剂 叶黄素微粒中叶黄素含量测定方法而制定。

（1）供试品溶液的制备　取3片叶黄素咀嚼片，研磨碎后，准确称取约450mg（相当于10mg叶黄素）供试品置于100ml容量瓶中，加5ml纯化水，60℃水浴中超声溶解5分钟，用冷却水冷却至室温，无水乙醇稀释定容至刻度，摇匀。过滤，弃去最初的2ml滤液。吸取1ml上述过滤液于50ml容量瓶中，无水乙醇稀释定容至刻度，摇匀，作为供试品溶液。

（2）样品的测定　用1cm石英比色杯，以无水乙醇作为空白，在最大吸收波长446nm处测定供试品溶液的吸光度A，按下式计算叶黄素咀嚼片中叶黄素的含量（T）。

$$T\ (\%) = \frac{A \times 5000}{2550 \times W}$$

式中，A为供试品溶液的吸光度；W为称取供试品量，g；2550为叶黄素在乙醇溶液中的吸收系数；5000为稀释倍数。

2. 叶黄素咀嚼片功效成分含量测定方法验证项目　本实验采用紫外－可见分光光度法测定叶黄素咀嚼片中叶黄素的含量，方法学验证项目包括专属性、线性、精密度、准确度、稳定性等，具体方法学考察项目安排见表30－3。

表30－3　叶黄素咀嚼片功效成分含量测定方法学考察项目

项目	方法学考察项目	参数
专属性	1.5倍空白辅料和空白溶剂	446nm无吸收峰，辅料空白试验含量不得过0.01%
	叶黄素咀嚼片样品	在446nm有与对照品类似吸收峰

续表

项目	方法学考察项目	参数
线性	取叶黄素工作对照品分别配制相对浓度80%、90%、100%、110%和120%的溶液进行线性回归分析	报告线性回归方程；相关系数 $r \geq 0.999$；Y 轴偏差 ≤ 0.050
精密度	不同分析员、在不同时间分别配制6份供试品溶液	重复性测试相对标准偏差（*RSD*）≤2.0%；中间精密度测试，不同分析员样品测定 *RSD*≤2.0%，两者测定结果相比较，相对偏差（*RD*）≤5.0%
准确度	以空白辅料溶液为溶剂，按照检测浓度的80%、100%、120%配制准确度测试的加标溶液	回收率95.0%～105.0%；回收率 *RSD*≤2.0%
溶液稳定性	供试品溶液放置8小时稳定性	与0小时测定结果相比，含量 *RD*≤5.0%，可认为溶液稳定；如变化超出范围，应说明溶液稳定时间

3. 叶黄素咀嚼片功效成分含量测定方法学验证过程

（1）专属性（1.5倍空白辅料干扰）　精确称取675mg空白辅料试样，按照供试品溶液制备方法配制空白辅料溶液。用1cm石英比色杯，以无水乙醇作为空白，在最大吸收波长446nm处测定供试品溶液的吸光度，计算叶黄素含量。

将试剂空白、空白辅料样品溶液、对照品溶液、供试品溶液分别测试，记录400～500nm扫描图。观察并记录空白辅料样品、试剂空白在446nm处是否有吸收峰；供试品溶液和对照品溶液的谱图峰形是否相似且在446nm是否均有最大吸收峰，来判定该方法的专属性。报告时需提供四个谱图。

（2）线性　精确称取20mg叶黄素工作标准品至100ml棕色容量瓶中，加20ml无水乙醇，在60℃水浴中超声溶解5分钟，用冷却水冷却至室温，无水乙醇稀释定容至刻度，摇匀。然后吸取10ml上述溶液置于100ml容量瓶中，用无水乙醇稀释至刻度，摇匀，制得浓度为20μg/ml叶黄素标准储备液。

分别移取0.8ml、0.9ml、1.0ml、1.1ml、1.2ml的叶黄素标准储备液至10ml容量瓶中，加无水乙醇稀释定容至刻度，摇匀，制得相对浓度为80%（1.6μg/ml）、90%（1.8μg/ml）、100%（2.0μg/ml）、110%（2.2μg/ml）、120%（2.4μg/ml）的对照品溶液。用1cm石英比色杯，以无水乙醇作为空白，在最大吸波长446nm处测定其吸光度。以所测得的吸光度为纵坐标，以溶液中叶黄素浓度为横坐标，绘制标准曲线，计算线性回归方程式及相关系数 r 和 Y 轴偏差。相关系数 r 应 ≥ 0.999，Y 轴偏差应 ≤ 0.050，测定结果见表30－4。

表30－4　线性数据表

叶黄素浓度（μg/ml）	1.6	1.8	2.0	2.2	2.4
吸光度（*A*）					
线性回归方程和相关系数 *r*					
Y 轴偏差					

（3）精密度　进行重复性和中间精密度测试。

1）重复性（分析员甲）　精密称取6份叶黄素咀嚼片样品450mg至100ml棕色容量瓶中，按照供试品溶液制备方法配制重复性测试溶液。用1cm石英比色杯，以无水乙醇作为空白，在最大吸收波长446nm处测定其吸光度，计算样品中叶黄素含量和RSD。

2）中间精密度（分析员乙）　在不同的日期，分别精密称取6份同批次叶黄素咀嚼片样品450mg至100ml棕色容量瓶中，按照供试品溶液制备方法配制中间精密度测试溶液。用1cm石英比色杯，以无水乙醇作为空白，在最大吸收波长446nm处测定其吸光度，计算样品中叶黄素含量和RSD。不同分析员测定结果相比较，计算其相对偏差 *RD*。

重复性测试相对标准偏差（*RSD*）应≤2.0%；中间精密度测试，不同分析员样品测定应 *RSD*≤2.0%，两者测定结果相比较，相对偏差（*RD*）应≤5.0%。测定结果见表 30-5。

表 30-5　精密度测定结果

分析员	叶黄素含量（%）						*RSD*（%）	平均值（%）	*RD*（%）
	1	2	3	4	5	6			
分析员甲									
分析员乙									

（4）准确度　采用在配方量空白辅料加入已知量叶黄素对照品进行准确度测试。

1）准确度测试储备液　精密称取约 50mg 叶黄素对照品至 50ml 棕色容量瓶中，用无水乙醇溶解并稀释到刻度，摇匀。

2）准确度测试溶液　精密称取 450mg 空白辅料，共 9 份，分别加入 8.0ml、10.0ml、12.0ml 的准确度测试储备液，按照供试品溶液制备方法，制得检测浓度 80%、100%、120% 的准确度测试加标溶液。用 1cm 石英比色杯，以无水乙醇作为空白，在最大吸收波长 446nm 处测定其吸光度，计算加标回收率和 *RSD*。回收率应在 95.0%～105.0%，回收率 *RSD*≤2.0%。测定结果见表 30-6。

表 30-6　准确度测定结果

加标浓度		加入量（mg）	测得量（mg）	回收率（%）	回收率平均（%）	RSD（%）
80%	1					
	2					
	3					
100%	1					
	2					
	3					
120%	1					
	2					
	3					

（5）溶液稳定性　配制供试品溶液 1 份，常温放置，分别于 0 小时、2 小时、4 小时、6 小时、8 小时后测定其吸光度，计算叶黄素含量，并与 0 小时测定结果相比较，计算其 *RD*。溶液放置 2 小时、4 小时、6 小时、8 小时后含量与新鲜配制溶液（0 小时）含量的相对误差 *RD* 均小于 5.0%，可认为溶液稳定；如变化超出范围，应说明溶液稳定时间。测定结果如表 30-7 所示。

表 30-7　溶液稳定性测定结果

放置时间（h）	样品称量（mg）	吸光度（A）	叶黄素含量（%）	RD（%）
0				—
2				
4				
6				
8				

（五）注意事项

1. 溶液稳定性测试需要进行 8 小时，整个实验时间安排上需要做好整体规划。

2. 本实验只做了耐用性中的溶液稳定性，还可加入样品的提取次数、时间考察耐用性。

四、效果评价

项目	分值	评分标准	个人自评	小组互评	教师评价	各项得分
出勤纪律	10	能严格遵守实验纪律和安全规则，无任何违纪现象为满分				
操作技能	50	能正确熟练使用分光光度计，能熟练正确进行专属性、线性、精密度、准确度、稳定性溶液的配制为满分				
实验结果	15	能规范记录和正确计算专属性、线性、精密度、准确度、溶液稳定性溶实验结果，并能正确判定为满分				
实验态度	10	实验中态度端正，不怕累、不怕苦，实验中积极主动、与小组同学分工协作为满分				
实验报告	15	符合要求，内容充实，字迹工整，独立完成为满分				
		总分（各项得分的平均值）				

五、问题情境

请查资料设计采用 HPLC 法测定叶黄素咀嚼片中功效成分含量测定方法学验证指标和过程。

参考答案

六、总结反馈

实验反思
实验过程中产生的问题，解决办法
心得体会

第五部分
功能食品的评价

实验三十一　叶黄素咀嚼片急性经口毒性试验评价

PPT

一、学习目标

（一）知识目标

1. 掌握限量法急性经口毒性试验评价内容和结果判定。
2. 熟悉急性经口毒性试验评价的方法和适用范围。
3. 了解急性经口毒性试验评价的意义和原理。

（二）能力目标

1. 能根据受试物的性质，依法进行受试物的处理。
2. 能依法选择合适的实验动物，设计经口急性毒性剂量。
3. 能根据急性经口毒性试验结果，对受试物的急性毒性进行分级。

（三）素质目标

1. 在急性经口毒性试验设计和评价过程中，培养和训练综合运用所学知识解决实际问题的实践能力。

2. 民以食为天，食以安为先，在急性经口毒性试验评价过程中，培养食品质量安全意识和责任，能依法宣传功能食品。

提示：本实验可作为设计性实验组织教学。

二、基本知识

（一）基本概念和急性毒性试验意义

急性经口毒性是指一次或 24 小时内多次经口给予实验动物受试物后，动物在短期内出现的毒性作用。

急性经口毒性试验是检测和评价受试物毒性作用最基本的一项试验，即经口一次或 24 小时内多次给予受试物后，在短期内观察动物所产生的毒性反应，包括中毒体征（如外观改变、大体形态变化、行为方式）和死亡，通常用 LD_{50}来表示。

LD_{50}是指经口一次或 24 小时内多次给予受试物后，能引起一半动物死亡的受试物剂量，该剂量是经过统计得出的计算值，其单位为每千克体重所摄入的受试物的毫克数或克数，即 mg/kg 体重或 g/kg 体重。

虽然急性毒性试验为“一次”染毒或“24 小时内多次染毒”，但是由于有些化学物在接触后几分钟内可产生效应并表现出来，而有些化学物则在接触后几天，甚至几十天才表现出毒性症状，或出现死亡，即呈现迟发毒性效应。因此，急性毒性试验观察时间一般至少为 7 天，观察范围可为 7～28 天。一般为 14 天，如有必要可延长至 28 天。

急性经口毒性试验可提供在短期内经口接触受试物所产生的健康危害信息，根据试验得出的受试的LD_{50}，可对受试物的急性毒性进行分级，并为进一步毒性试验提供剂量选择和观察指标的依据，初步估测毒作用的靶器官和可能的毒作用机制。

（二）急性经口毒性试验方法概述

1. 实验动物的选择

（1）选择实验动物原则　尽量选择急性毒性反应与人近似的动物，易于饲养，实验动物操作方便；繁殖生育力较强，数量较大，能够保障供应，价格较低，易于获得动物。常用实验动物为大白鼠和小白鼠。

（2）实验动物性别和体重要求　实验动物的性别一般要求雌雄各半。如果在研究中发现受试物对雌雄动物的毒性大小有明显差异时，应分别求出雌性与雄性动物各自的LD_{50}值。

对于实验动物的体重或年龄，除特殊要求外，急性毒性通常要求健康刚成年的动物，一般按体重选购，通常要求小鼠18～22g，大鼠180～220g。同一批次实验动物个体间体重相差不应超过其平均体重的±20%。

（3）检疫和适应　实验动物应在有资质的实验动物中心购买，以保证严格的质量控制。购回的实验动物在试验前应至少进行3～5天的检疫观察和适应期，选择生理健康的动物。凡经口染毒时，要求试验前要对动物禁食，以保证胃内无食物，减少食物对受试物毒性的干扰。一般大鼠需整夜禁食（一般禁食16小时左右）、小鼠需禁食4～6小时，自由饮水。给予受试物后大鼠需继续禁食3～4小时，小鼠需继续禁食1～2小时。若采用1天内多次给予受试物，应根据染毒间隔时间的长短给动物一定量的饲料。

（4）实验动物数量与给样方式　试验动物严格按照随机性和均衡性原则分组，一般大、小鼠每组不少于10只，每个受试物组动物按性别分笼饲养，试验期间实验动物喂养基础饲料，自由饮水。

急性经口毒性试验通常采用经口灌胃方式给样，一般一次性给予受试物或一日内多次给予（每次间隔4～6小时，24小时内不超过3次，合并作为一次剂量计算），各受试物组的灌胃体积应相同，大鼠为10ml/kg体重，小鼠为20ml/kg体重。如果溶媒为水，大鼠最大灌胃体积可达20ml/kg体重，小鼠可达40ml/kg体重。

（5）观察期限　一般观察14天，必要时延长到28天，特殊应急情况下至少观察7天。

2. 受试物及处理　受试物应溶解或悬浮于合适的溶媒中，首选溶媒为水，不溶于水的受试物可使用植物油（如橄榄油、玉米油等），不溶于水或油的受试物亦可使用羧甲基纤维素、淀粉等配成悬浮液或糊状物等。受试物应新鲜配制，有资料表明其溶液或悬浮液储存稳定者除外。

3. 常用的急性经口毒性试验设计方法　《食品安全国家标准　急性经口毒性试验》（GB 15193.3—2014）急性毒性试验设计方法包括霍恩氏（Horn）法、限量法、上－下限法和寇氏（Korbor）法等。

（1）霍恩氏（Horn）法　可直接采用215mg/kg体重一个剂量用5只动物预试，观察2小时内动物的中毒表现，如中毒体征严重，估计多数动物可能死亡，即可采用低于215mg/kg体重的剂量系列进行正式试验；如中毒体征较轻，则可采用高于此剂量的剂量系列。一般设5个剂量组，每组10只动物，雌雄各半。常用1.00×10^t、2.15×10^t、4.64×10^t（$t=0$、±1、±2、±3）或1.00×10^t、3.16×10^t（$t=0$、±1、±2、±3）剂量系列，然后在最低剂量组以下或最高剂量组以上各增设一组。给予受试物后，观察1～2周，记录动物死亡数、死亡时间及中毒表现。

（2）限量法　适用于有资料显示毒性极小或未显示毒性的受试物，给予动物一定剂量的受试物，仍不出现死亡。一般选用剂量至少应为10.0g/kg体重，20只动物，雌性各半。给予受试物后，观察1～2

周，记录动物死亡数、死亡时间及中毒表现。如观察期内无动物死亡，则认为受试物对某种动物的经口急性毒性耐受剂量大于该试验用剂量，其 LD_{50} 大于该数值。如动物出现死亡应选择其他方法。限量法是功能食品急性经口毒性试验常用的方法。

（3）上－下限法　该方法主要适用于纯度较高、毒性较大、摄入量小且给予受试物后动物 1～2 天内死亡的受试物，对预期给予受试物后动物在 5 天及以后死亡的受试物不适用。

（4）寇氏（Korbor）法　一般在预试验中得到动物全部死亡或 90% 以上死亡的剂量，动物不死亡或 10% 以下死亡的剂量，作为正式试验的最高与最低剂量。一般设 5～10 个剂量组，每组每种性别 6～10 只动物。剂量选预试验得到的最高、最低剂量换算为常用对数，然后将最高、最低剂量的对数差，按所需要的组数，分为对数等距的几个剂量组。给予受试物后，观察 1～2 周，记录动物死亡数、死亡时间及中毒表现。

4. 观察指标

（1）一般观察指标　观察包括皮肤、被毛、眼、黏膜以及呼吸系统、泌尿生殖系统、消化系统和神经系统等，注意观察有无震颤、惊厥、流涎、腹泻、呆滞、嗜睡和昏迷等。在试验开始和结束时称取并记录动物体重，并且在观察期每周至少称取动物体重 1 次。全面观察并记录动物变化发生的程度和持续时间，评估可能的毒作用靶器官。死亡时间记录应当尽可能精确。

（2）病理学检查　试验期间死亡和试验结束处死的动物都要进行大体解剖检查，记录每只动物的大体病理学改变，出现大体解剖病理改变时应做病理组织学观察。

5. 结果判定　描述中毒表现和提示毒作用特征，根据 LD_{50} 值并参考表 31－1 确定受试物的毒性分级。

表 31－1　急性毒性（LD_{50}）剂量分级表

级别	大鼠经口 LD_{50}（mg/kg 体重）	相当于人的致死量	
		mg/kg 体重	克/人
极毒	<1	稍尝	0.05
剧毒	1～50	500～4000	0.5
中等毒	51～500	4000～30000	5
低毒	501～5000	30000～250000	50
实际无毒	>5000	250000～500000	500

三、实践训练

本实验采用限量法进行叶黄素咀嚼片急性毒性试验设计和评价。

（一）任务分组

以小组为单位进行，建议每个小组 2～3 人，开始实验前初步确定每位同学在组内的具体分工。学生以小组为单位进行叶黄素咀嚼片急性经口毒性试验评价试验设计，条件允许的进行试验操作。

小组成员		任务分工
姓名	学号	

（二）实验材料与试剂

叶黄素咀嚼片（实验用样品，450mg/片，溶于水，人推荐量每日一次，每次一片）、蒸馏水、动物饲料。

（三）实验动物

健康成年大、小鼠，20 只，雌雄各半。

（四）实验过程

1. 样品溶液配制　叶黄素咀嚼片溶于水，用水为溶媒配制受试物溶液。限量法采用灌胃给样方式给予受试物。因限量法剂量至少应为 10. 0g/kg 体重，本试验设 20. 0g/kg 体重一个剂量组，采用 24 小时内按 20ml/kg 体重二次灌胃给样，间隔 4 小时，达到设计的剂量，则应配制浓度为 0. 5g/ml 的受试物水溶液。

称取粉碎混合均匀的叶黄素咀嚼片样品 25. 0g 加 20ml 蒸馏水超声溶解后，加蒸馏水至 50ml，配制成 0. 5g/ml 的受试物溶液。

2. 实验动物　SD 大鼠，清洁级，体重 180 ~ 220g；ICR 小鼠，清洁级，体重 18 ~ 22g。实验动物应由有资质单位提供，实验动物饲料和饲养环境符合相关要求。实验动物试验前在动物房环境中适应 3 ~ 5 天，检验合格后用于试验。给予受试物前禁食过夜，不限制饮水。

3. 剂量和给样方法　采用最大限量法，设样品 20. 0g/kg 体重一个剂量组。20 只动物，雌雄各半，采用经口灌胃方式给予受试物，大、小鼠都按 20ml/kg 体重二次灌胃给样，间隔 4 小时。

4. 观察指标　给予受试物后，观察大小鼠的一般状况、中毒症状和死亡情况，观察期限为 14 天。

（五）叶黄素咀嚼片急性经口毒性结果

叶黄素咀嚼片急性经口毒性实验结果如表 31 – 2 所示。

表 31 – 2　急性经口毒性实验结果

实验动物	性别	剂量分组（g/kg）	动物数（只）	始重（g）	终重（g）	一般状况	中毒症状	死亡动物数（只）	死亡率（%）
大鼠	雌性	20. 0							
	雄性	20. 0							
小鼠	雌性	20. 0							
	雄性	20. 0							

给予受试物后，如果观察内未见实验大鼠和小鼠出现中毒症状和死亡情况；该样品大、小鼠雌雄性急性经口最大耐受剂量均大于 20. 0g/kg 体重；叶黄素咀嚼片 LD_{50} 大于 20. 0g/kg 体重，根据急性经口毒性分级标准，LD_{50} >5000g/kg 体重属于实际五毒。本实验叶黄素咀嚼片大小鼠经口 LD_{50} 均大于 20. 0g/kg 体重，属实际无毒。如动物出现死亡应选择其他方法。

（六）注意事项

1. 受试物溶液应新鲜配制，有资料表明其溶液或悬浮液储存稳定者除外。

2. 给予受试物后 4 小时内密切注意观察，当天进行多次观察，以后每天注意观察。记录给予受试物后动物的异常表现和出现时间，对症状进行描述，总结受试物对实验动物的毒性特征。

3. LD_{50} 虽然是评价急性毒性的最重要指标，但仅凭 LD_{50} 进行急性毒性评价是不完善的。因为仅仅 LD_{50} 一个指标只能反映急性毒性的大小，并不能反映毒性的其他特征。另外由于动物和人存在种属差异，故试验结果外推到人存在一定的局限性。

四、效果评价

项目	分值	评分标准	个人自评	小组互评	教师评价	各项得分
出勤纪律	10	能严格遵守实验纪律和安全规则，无任何违纪现象为满分				
操作技能	50	能根据受试物的性质独立进行受试物的处理和给样剂量计算，能正确进行经口灌胃操作为满分				
实验结果	15	能规范记录和正确判定急性经口毒性试验结果，根据所得 LD_{50} 对受试物毒性进行分级为满分				
实验态度	10	实验中态度端正，不怕累、不怕苦，实验中积极主动、与小组同学分工协作为满分				
实验报告	15	符合要求，内容充实，字迹工整，独立完成为满分				
		总分（各项得分的平均值）				

五、问题情境

如要采用限量法进行番茄红素软胶囊急性经口毒性试验，其评价过程与本实验中叶黄素咀嚼片的急性毒性试验评价过程有哪些不同点？

参考答案

六、总结反馈

实验反思
实验过程中产生的问题，解决办法
心得体会

书网融合……

GB 15193. 3—2014

实验三十二　叶黄素咀嚼片哺乳动物红细胞微核试验评价

PPT

一、学习目标

（一）知识目标

1. 掌握哺乳动物红细胞微核试验评价方法和结果判定。
2. 熟悉遗传毒性评价组合原则和评价方法。
3. 了解遗传毒性相关基础知识。

（二）能力目标

1. 能根据受试物的性质，依法进行受试物的处理。
2. 能依法选择合适的实验动物，设计哺乳动物红细胞微核试验剂量和分组。
3. 能规范进行微核试验的样本采集、制片和镜检，对受试物的红细胞微核试验结果进行判定。

（三）素质目标

1. 在哺乳动物红细胞微核试验设计和评价过程中，培养和训练综合运用所学知识解决实际问题的应用和实践能力。

2. 在哺乳动物红细胞微核试验评价过程中，培养尊重生命、科学实验、善待实验动物的道德与意识。

提示：本实验可作为设计性实验组织教学。

二、基本知识

（一）基本概念

1. 遗传　是指生物物种通过各种繁殖方式来保证世代间生命延续的过程。遗传是保持生物种族特性稳定的根本，该能力源自遗传物质 DNA 的特性。遗传的稳定性是相对的，例如，金丝猴的后代仍然是金丝猴，牛的后代仍然是牛。

2. 变异　是指生物亲、子代间，或子代个体之间的差异。例如，黑色美洲豹妈妈产下花色美洲豹，家狗母子外观的差异。变异引起生物多态性，使生物得以发展和进化。遗传的稳定性是相对的，变异是绝对的。变异也给人类带来许多负面影响，如遗传性疾病。

3. 突变　是指生物体的遗传物质发生了突然的、根本的、遗传的变化，因为这种变化起源于基因和染色体，因此，突变是可遗传的变异。突变可分为自发突变和诱发突变。自发突变是由于普遍存在的未知因素作用下，在自然条件下发生的突变。自发突变的特点是发生过程长、频率很低，与物种进化有关。诱发突变是指人为造成突变，是由已知的某种化学、物理和生物因素所引起的突变。诱发突变发生过程短、频率高，既可被人类利用，也可能对人类产生危害。各物种的自发突变频率较低，而诱发突变比较常见。

突变的发生及其过程称为致突变作用。凡能引起生物体遗传物质发生改变的化学物质或任何环境因子称为致突变物，又称诱变剂。由于致突变物能损伤遗传物质，因此致突变物又称为遗传毒物。

4. 突变类型 按作用后果或遗传物质损伤的性质等可将诱发性突变分类，一般根据遗传毒性物质的损伤能否在显微镜下直接观察到分为染色体畸变和基因突变两类。染色体损伤大于等于0.2μm时，可在光学显微镜下观察到，称为染色体畸变；若小于这一下限，不能在镜下直接观察到，要依靠对其后代的生理、生化、结构等表型变化判断突变的发生，称为基因突变。

（1）基因突变 即遗传物质在分子水平上的改变，也就是基因中DNA序列的变化，即DNA碱基组成和排列顺序的改变。因基因突变限制在某一特定的部位又称点突变。基因突变主要包括碱基置换、移码突变两种类型。

1）碱基置换 是某一碱基配对性能改变或脱落所致的突变。碱基置换的形式包括转换和颠换。转换即一个嘌呤被另一嘌呤，或一个嘧啶被另一嘧啶取代。如鸟嘌呤改变成了腺嘌呤、胞嘧啶改变成胸腺嘧啶。颠换即嘌呤变嘧啶，或嘧啶变嘌呤。

2）移码突变 是指发生一对或几对不等于3的倍数的碱基减少或增加，以致从受损点开始碱基序列完全改变，形成错误的密码，并转译为不正常的氨基酸。发生移码突变的原因是碱基序列所形成的一系列三联体密码子相互间并无标点符号，于是从受损位点开始密码子的阅读框架完全改变。

（2）染色体畸变 又称为染色体突变，包括染色体的结构异常和数目异常，是在观察细胞分裂中期时可见的改变。由于染色体或染色单体断裂，造成染色体或染色单体缺失或引起各种重排，从而出现染色体结构异常。染色体畸变分为染色单体型畸变和染色体型畸变。

染色体结构改变的基础是DNA链的断裂。凡能引起染色体断裂的物质称为断裂剂，染色体断裂的发生或过程称为断裂作用。染色体型畸变是指遗传物质大的损伤，一般可在光学显微镜下细胞学检查发现染色体断裂及由断裂所致的各种重排，包括裂缝、断裂、缺失、断片、无着丝点环、环状染色体、倒位、易位、重复、插入等。

动物正常体细胞染色体数目以$2n$为标准，染色体数目异常可能表现为单条或多条或成倍性染色体数目的增减。包括非整倍体、多倍体。非整倍体指细胞丢失或增加一条或几条染色体，类型包括缺体（$2n-2$）、单体（$2n-1$）、三体（$2n+1$）和四体（$2n+2$）。多倍体是指染色体数目以染色体组为单位的成倍增加，类型包括三倍体（$3n$）、四倍体（$4n$）。染色体数目的改变会导致基因平衡的失调，可能影响细胞的生存或造成形态及功能上的异常。发生于生殖细胞的整倍体改变，几乎都是致死性的。例如在肿瘤细胞及人类自然流产的胎儿细胞中常见三倍体细胞的存在。

（二）致突变作用评价方法

食品安全性毒理学评价的第二阶段包括遗传毒性阶段、传统致畸试验和30天喂养试验。遗传毒性试验的目的是对受试物的遗传毒性以及是否具有潜在的致癌作用进行筛选。遗传毒性试验的组合一般应遵循原核细胞与真核细胞、体细胞与生殖细胞、体内试验与体外试验相结合的原则。根据受试物的特点和试验目的，推荐下列遗传毒性试验组合。

（1）组合一 细菌回复突变试验；哺乳动物红细胞微核试验或哺乳动物骨髓细胞染色体畸变试验；小鼠精原细胞或精母细胞染色体畸变试验或啮齿类动物显性致死试验。即通常所说的三项致突变试验。

（2）组合二 细菌回复突变试验；哺乳动物红细胞微核试验或哺乳动物骨髓细胞染色体畸变试验；体外哺乳类细胞染色体畸变试验或体外哺乳类细胞TK基因突变试验。即通常所说的三项致突变试验。

（三）哺乳动物红细胞微核试验

1. 相关概念

（1）微核 细胞有丝分裂后期染色体有规律地进入子细胞形成细胞核时，仍留在细胞质中的整条染色单体或染色体的无着丝短片或环，在末期单独形成一个或几个规则的次核，被包含在细胞的胞质内而形成。

（2）正染红细胞（NCE）和嗜多染红细胞（PCE）　正染红细胞是成熟的红细胞，其缺乏核糖体并可用选择性核糖体染料与未成熟的嗜多染红细胞区分。嗜多染红细胞（PCE）是未成熟的红细胞，处于发育的中间期，仍含有核糖体，可用选择性核糖体染料与成熟的正染红细胞区分。例如，用 Giemsa 染色呈灰蓝色为 PCE、呈粉红色为 NCE。正染红细胞和嗜多染红细胞的总和为总红细胞（RBC）。

2. 哺乳动物红细胞微核试验目的和原理　哺乳动物红细胞微核试验通过分析动物骨髓和（或）外周血红细胞，用于检测受试物引起的成熟红细胞染色体损伤或有丝分裂装置损伤，导致形成含有迟滞的染色体断片或整条染色体的微核。这种情况的出现通常是受到染色体断裂剂作用的结果。此外也可能在受到纺锤体毒物的作用时，主核未能形成代之以一组小核，此时小核比一般典型的微核稍大。微核的形成是遗传毒性物质造成的，微核试验用于评价受试物的遗传毒性。微核试验既能检出断裂剂又能检出有丝分裂毒物。由于微核观察技术简单而省时，在食品毒理学安全性评价应用的比较多。

3. 哺乳动物红细胞微核试验方法

（1）受试物的配制与给样　应将受试物溶解或悬浮于合适的溶媒中，首选溶媒为水，不溶于水的受试物可使用植物油（如橄榄油、玉米油等），不溶于水或油的受试物亦可使用羧甲基纤维素、淀粉等配成混悬液或糊状物等。受试物应现用现配，有资料表明其溶液或混悬液储存稳定者除外。

一般采用灌胃法给予受试物。灌胃体积一般不超过 10ml/kg 体重，如为水溶液时，最大灌胃体积可达 20ml/kg 体重；如为油性液体，灌胃体积应不超过 4ml/kg 体重；各组灌胃体积一致。阳性对照物也可采用腹腔注射的方法。

（2）实验动物　推荐使用小鼠，通常用 7 ~ 12 周龄，体重 25 ~ 35g 的小鼠。在试验开始时，动物体重差异应不超过每种性别平均体重的 ±20%。每组用两种性别的动物至少各 5 只。试验前动物在试验动物房应进行至少 3 ~ 5 天环境适应和检疫观察，选择生理健康的动物。实验动物饲养条件、饮用水、饲料应符合国家标准和有关规定。每个受试物组动物按性别分笼饲养，每笼 5 只。试验期间实验动物喂饲基础饲料，自由饮水。

（3）剂量与分组　应设 3 个剂量组，最高剂量组原则上为动物出现严重中毒表现和（或）个别动物出现死亡的剂量，一般可取 1/2LD_{50}，低剂量组应不表现出毒性，分别取 1/4LD_{50}和 1/8LD_{50}作为中、低剂量。急性毒性试验给予受试物最大剂量（最大使用浓度和最大灌胃容量）动物无死亡而求不出LD_{50}时，高剂量的选择可以参考以下几种方案：①10g/kg 体重；②人的可能摄入量的 100 倍；③一次最大灌胃剂量进行设计，再下设中、低剂量组。另设溶剂对照组。阳性对照物可用环磷酰胺 40mg/kg 体重，推荐经口给予。

（4）实验步骤　常用 30 小时给受试物法，即两次给受试物间隔 24 小时，第二次给受试物后 6 小时采集样本。

微核可出现在多种细胞中，但在有核细胞中较难与正常核的分叶及核突出物区别。嗜多染红细胞（PCE）是分裂后期的红细胞由幼年发展为成熟红细胞的一个阶段，此时红细胞的主核已排出，因胞体内含有核糖体，姬姆莎染色呈灰蓝色，成熟红细胞的核糖体已消失，被染成粉红色。骨髓中嗜多染红细胞（PCE）数量充足，微核容易辨认，而且微核自发率低，因此，骨髓中嗜多染红细胞成为微核试验的首选细胞群。

采集骨髓样本，处死后取胸骨或股骨，用止血钳挤出骨髓液与玻片一端的小牛血清混匀，常规涂片，或用小牛血清冲洗股骨骨髓腔制成细胞悬液涂片，涂片自然干燥后放入甲醇中固定 5 ~ 10 分钟。当日固定后保存。将固定好的涂片放入 Giemsa 应用液中，染色 10～15 分钟。立即用 pH6.8 的磷酸盐缓冲液或蒸馏水冲洗、晾干。

（5）观察指标　选择细胞完整、分散均匀、着色适当的区域，在油镜下观察。对每个动物的骨髓至少观察 200 个红细胞，计数嗜多染红细胞在总红细胞中的比例，嗜多染红细胞在总红细胞中比例不应低于对照组的 20%。每个动物至少观察 2000 个嗜多染红细胞以计数含微核细胞率，以千分率表示。如一个嗜多染红细胞中有多个微核存在时，只按一个细胞计。

用 Giemsa 染色法，嗜多染红细胞呈灰蓝色，成熟红细胞呈粉红色。典型的微核多为单个、圆形、边缘光滑整齐，嗜色性与核质一致，呈紫红色或蓝紫色，直径通常为红细胞的 1/20～1/5。

（6）结果评价　试验组与对照组相比，试验结果含微核细胞率有明显的剂量反应关系并有统计学意义时，即可确认为阳性结果。若统计学上差异有显著性，但无剂量－反应关系时，则应进行重复试验。结果能重复可确定为阳性。

三、实践训练

本实验采用 30 小时灌胃给样法进行叶黄素咀嚼片哺乳动物红细胞微核试验设计与评价。

（一）任务分组

以小组为单位进行，建议每个小组 2～3 人，开始实验前初步确定每位同学在组内的具体分工。学生以小组为单位进行叶黄素咀嚼片哺乳动物红细胞试验评价试验设计，条件允许的进行试验操作。

小组成员		任务分工
姓名	学号	

（二）实验材料与试剂

叶黄素咀嚼片（实验用样品，450 毫克/片，溶于水，急性经口毒性试验 LD_{50} 大于 20.0g/kg 体重）、蒸馏水、动物饲料、小牛血清、甲醇、Giemsa 染液。

（三）实验仪器

手术剪、无齿镊、干净纱布、晾片板、电吹风机、玻璃蜡笔、玻璃染色缸、载玻片及推片、定时钟、带油镜头显微镜、细胞计数器等。

（四）实验过程

1. 剂量与分组　因急性经口毒性试验叶黄素咀嚼片 LD_{50} 大于 20.0g/kg 体重，本实验设 10.0g/kg 体重、5.0g/kg 体重、2.5g/kg 体重三个受试物剂量组，一个阴性对照组（蒸馏水）和一个阳性对照组（环磷酰胺 40mg/kg 体重）。

2. 样品溶液配制　叶黄素咀嚼片溶于水，用水为溶媒配制受试物溶液。采用灌胃给样方式给予受试物。采用 30 小时灌胃给样法，即间隔 24 小时内给予样品，按 10ml/kg 体重二次灌胃给样，第二次给受试物后 6 小时处死实验动物。达到设计的剂量，则应配制浓度分别为 0.50g/ml、0.25g/ml、0.125g/ml 的受试物水溶液。

分别称取粉碎混合均匀的叶黄素咀嚼片样品 10.0g、5.0g 和 2.5g 加 10ml 蒸馏水超声溶解后，加蒸馏水至 20ml，配制成浓度分别为 0.50g/ml、0.25g/ml、0.125g/ml 的受试物水溶液。

3. 实验动物 ICR 小鼠，清洁级，体重 25～35g，50 只。实验动物应为有资质单位提供，实验动物饲料和饲养环境符合相关要求。实验动物试验前在动物房环境中适应 3～5 天，检验合格后用于试验。

4. 给样方法 采用 30 小时灌胃给样法，即间隔 24 小时内给予样品，按 10ml/kg 体重二次灌胃给样，第二次给受试物后 6 小时处死实验动物，采集骨髓。对照组也作相同处理。

5. 标本制作 处死小鼠后取胸骨或股骨，用止血钳挤出骨髓液与玻片一端的小牛血清混匀，常规涂片，涂片自然干燥后放入甲醇中固定 10 分钟。当日固定后保存。将固定好的涂片放入 Giemsa 应用液中，染色 10 分钟。立即用蒸馏水冲洗、晾干。

6. 观察指标 镜检时，对每个动物观察 200 个红细胞，计数嗜多染红细胞在总红细胞中的比例。每个动物观察 2000 个嗜多染红细胞，计算微核千分率。

（五）试验结果

叶黄素咀嚼片哺乳动物红细胞微核试验结果如表 32－1 所示。

表 32－1　哺乳动物红细胞微核试验结果

组别	剂量（g/kg）	动物数（只）	受检 PCE 数（只）	含微核 PCE 数	微核细胞率（‰）	*P*	PCE/RBC
雌性	阴性对（H_2O）	5	10000				
	2.5	5	10000				
	5.0	5	10000				
	10.0	5	10000				
	阳性对照（40mg/kg）	5	10000				
雄性	阴性对（H_2O）	5	10000				
	2.5	5	10000				
	5.0	5	10000				
	10.0	5	10000				
	阳性对照（40mg/kg）	5	10000				

对受试叶黄素咀嚼片样品各剂量组与溶剂对照组的含微核细胞率进行比较，经统计学分析，含微核细胞率有明显的剂量反应关系并有统计学意义时，即可确认为阳性结果。若统计学上差异有显著性，但无剂量－反应关系时，则应进行重复试验。结果能重复可确定为阳性。

阳性结果表明受试物在本试验条件下可引起哺乳动物嗜多染红细胞含微核细胞率增加；阴性结果表明在本试验条件下受试物不引起哺乳动物嗜多染红细胞微核细胞率增加。一般阴性对照组含微核细胞率 <5‰，应与相关文献报道或研究历史数据相一致。

叶黄素咀嚼片是一种具有缓解视疲劳功能的食品，其哺乳动物红细胞微核试验结果必须是阴性，否则应终止试验。

（六）注意事项

1. 关键步骤是制作良好的骨髓涂片以及优良的染色。
2. 剪胸骨时可通过剪短两边的肋骨来把整块胸骨取下来，以防不小心把胸骨剪断；挤出骨髓处的肌肉要剔除干净。

3. 涂到玻片上的小牛血清不要太多，涂时要均匀，以便推片。

4. 染色前可以先看一下整体涂片情况，细胞分散度是否良好。

四、效果评价

项目	分值	评分标准	个人自评	小组互评	教师评价	各项得分
出勤纪律	10	能严格遵守实验纪律和安全规则，无任何违纪现象为满分				
操作技能	50	能根据受试物的性质独立进行受试物的处理和给样剂量计算，能正确进行经口灌胃操作、标本制作和镜检为满分				
实验结果	15	能规范记录和正确判定哺乳动物红细胞试验结果，根据所得结果进行正确判定为满分				
实验态度	10	实验中态度端正，不怕累、不怕苦，实验中积极主动、与小组同学分工协作为满分				
实验报告	15	符合要求，内容充实，字迹工整，独立完成为满分				
		总分（各项得分的平均值）				

五、问题情境

如要进行番茄红素软胶囊哺乳动物红细胞微核试验，其评价过程与本实验中叶黄素咀嚼片的哺乳动物红细胞微核试验评价过程有哪些不同点？

参考答案

六、总结反馈

实验反思
实验过程中产生的问题，解决办法
心得体会

书网融合……

GB 15193. 5—2014

实验三十三　叶黄素咀嚼片细菌回复突变试验评价

PPT

一、学习目标

（一）知识目标

1. 掌握细菌回复突变试验评价方法和结果判定。
2. 熟悉细菌回复突变试验的目的和原理。
3. 了解细菌回复突变试验基础知识。

（二）能力目标

1. 能根据受试物的性质，依法进行受试物的处理。
2. 能依法进行菌株的鉴定，设计细菌回复突变试验剂量和分组。
3. 能规范进行细菌回复突变试验操作，根据受试物的回变菌落计数结果对细菌回复突变试验结果进行判定。

（三）素质目标

1. 在细菌回复突变试验设计和评价中，培养和训练严谨认真、实事求是的科学态度。
2. 在细菌回复突变试验评价过程中，培养安全第一、生命至上思想。

提示：本实验可作为设计性实验组织教学。

二、基本知识

（一）基本概念

1. 细菌回复突变试验　遗传毒性试验的组合一般应遵循原核细胞与真核细胞，体内试验与体外试验相结合的原则。哺乳动物红细胞微核试验和细菌回复突变试验是评价受试物致突变作用最常用的组合。

哺乳动物红细胞微核试验是检测染色体畸变的体内试验，而细菌回复突变试验是以营养缺陷型的突变菌株为指示生物检测基因突变的体外试验，通过检测受试物对微生物（细菌）的基因突变作用，预测受试物遗传毒性和潜在的致癌作用。

2. 基因突变类型

（1）碱基取代型基因突变　DNA 多核苷酸链上某个碱基为另一个碱基取代，引起 DNA 碱基序列异常，包括转换和颠换两种形式。转换即一个嘌呤被另一嘌呤，或一个嘧啶被另一嘧啶取代。如鸟嘌呤改变为腺嘌呤、胞嘧啶改变为胸腺嘧啶。颠换即嘌呤变嘧啶，或嘧啶变嘌呤。

（2）移码型基因突变　在 DNA 碱基序列中插入或缺少一个或几个（除了 3 和 3 的倍数）碱基，按照三联密码连续阅读的规则，该部位以后的密码子组全部改变，指导合成的多肽链也全部发生改变。

（二）细菌回复突变试验原理和方法

1. 细菌回复突变试验目的和原理 细菌回复突变试验包括鼠伤寒沙门菌回复突变试验和大肠埃希菌细菌回复突变试验。常用的菌株有组氨酸营养缺陷型鼠伤寒沙门菌和色氨酸营养缺陷型的大肠埃希菌。本实验重点应用鼠伤沙门菌回复突变试验来评价受试物的致突变作用。

细菌回复突变试验利用鼠伤寒沙门菌来检测点突变，涉及 DNA 的一个或几个碱基对的置换、插入或缺失等。鼠伤寒沙门菌的组氨酸营养缺陷型菌株在无组氨酸的培养基上不能生长，在有组氨酸的培养基上才能正常生长。如果有致突变物存在时可以回复突变为原养型，在无组氨酸的培养基上也可以生长，故可根据菌落形成数量来衡量受试物是否为致突变物。

有些致突变物需要代谢活化后才能使鼠伤寒沙门菌的组氨酸营养缺陷型菌株产生回复突变，故受试物要同时在有和没有代谢活化系统的条件下进行试验。不加代谢活化系统得到阳性结果，说明受试物是直接致突变物；加代谢活化系统才得到阳性结果，说明该受试物是间接致突变物。阳性结果表明受试物对试验菌株的基因组诱发了点突变。阴性结果表明，在该试验条件下受试物对测试菌株不诱发基因突变。

2. 细菌回复突变试验菌株 常用 TA1535、TA1537、TA98、TA100、TA97 及 TA102 等一系列特异的营养缺陷型沙门菌株。菌株 TA1535 含有一个碱基置换突变，能检测引起置换突变的诱变剂。TA1537 在重复的 G－C 碱基对序列中有一个移码突变，能检测引起移码的诱变剂。TA100 和 TA98 就是上述菌株分别加上一个抗药性转移因子 pKM101 质粒后的菌株。TA97 和 TA98 可以检测移码突变，TA100 检测碱基置换突变，TA102 对醛、过氧化物及 DNA 交换剂较敏感。

目前细菌回复突变试验中普遍采用 TA97、TA98、TA100 及 TA102 组合。菌株应进行基因型、自发回复数和对阳性致突变物敏感性的鉴定（表 33－1），鉴定合格后方可用于试验。

表 33－1 试验菌株生物学特性鉴定标准和自发回变菌落数

菌株	基因型					自发回变菌落数（－S9）
	组氨酸缺陷（his）	脂多糖屏蔽缺陷（rfa）	R 因子（抗氨苄青霉素）	抗四环素	uvrB 修复缺陷	
TA97	+	+	+	－	+	90～180
TA98	+	+	+	－	+	30～50
TA100	+	+	+	－	+	120～200
TA102	+	+	+	+	－	240～320

3. 代谢活化系统（10%S9 混合液制备） 健康雄性成年 SD 或 Wistar 大鼠，体重 150～200g，周龄 5～10 周。将 200g/L 多氯联苯玉米油溶液，按 500mg/kg 体重无菌操作一次腹腔注射，5 天后处死动物，处死前禁食 12 小时。也可采用苯巴比妥钠或β－萘黄酮联合诱导的方法制备大鼠肝 S9 组分，经口灌胃给予大鼠苯巴比妥钠和β－萘黄酮，剂量均为 80mg/kg，连续 3 天，禁食 16 小时断头处死动物，其他操作同多氯联苯诱导。

处死动物后取出肝脏，称重后用新鲜冷冻的 KCl 溶液（0.15mol/L）连续冲洗肝脏数次，以便除去能抑制微粒体酶活性的血红蛋白。每克肝脏（湿重）加 KCl 溶液（0.1mol/L）3ml，连同烧杯移入冰浴中，用无菌剪刀剪碎肝脏，在玻璃匀浆器或组织匀浆器中制成肝匀浆。将制成的肝匀浆在低温（0～5℃）高速离心机上以 9000g 离心 10 分钟，吸出上清液为 S9 组分，分装于无菌冷冻管中，速冻后－80℃低温保存。S9 组分制成后，经无菌检查，并经间接诱变剂鉴定其生物活性合格后可用于试验。

10% S9混合液一般由S9组分和辅助因子按1∶9组成，临用时新鲜无菌配制或过滤除菌。10ml 10% S9混合液配制如下：6.0ml磷酸盐缓冲液（0.2mol/L、pH7.4）、0.4ml镁钾溶液、1.0ml葡萄糖-6-磷酸钠盐溶液（0.05mol/L，现用现配）、1.6ml辅酶-Ⅱ溶液（0.025mol/L，现用现配）、1.0ml肝S9组分混匀，置于冰浴中待用。10% S9混合液可按一般用量每平皿0.5ml。

4. 细菌回复突变试验设计和受试物处理

（1）实验设计原则　受试物应无菌，必要时以适当方式灭菌或除菌。受试物最高剂量为5毫克/皿，最低剂量为0.2微克/皿；一般选用4～5个剂量，每个剂量应做3个平行平皿；设立阳性对照、阴性（溶剂）对照和空白对照。

（2）溶媒　与受试物不发生反应，对所选菌株和S9没有毒性，没有诱变性。首选蒸馏水，对于不溶于水的受试物可选择其他溶媒，首选DMSO（每平板最高添加量不超过0.1ml）。

（3）剂量设计　决定受试物最高剂量的原则是受试物对试验菌株的毒性和受试物的溶解度。进行预试验有助于了解受试物的毒性和受试物的溶解度。对于无细菌毒性的可溶性受试物推荐的最高剂量是5毫克/皿或5微升/皿；对于溶解度差的受试物，可以采用悬浮液，但溶液浑浊的程度（沉淀的多少）不能影响菌落的计数。由于溶解度或毒性的限制最大剂量达不到5毫克/皿或5微升/皿时，最高剂量应为出现沉淀或细菌毒性的剂量。评价含有潜在致突变杂质的受试物时，试验剂量可高于5毫克/皿或5微升/皿。对于需要前处理的受试物（如液体饮料、袋泡茶、口服液和辅料含量较大的样品等），其剂量设计应以处理后的样品计。

每种受试物在允许的最高剂量下设4个剂量组，包括加和不加S9两种情况。按等比组距的原则设定剂量间隔。一般受试物的最低剂量不低于0.2微克/皿。

（4）对照组的设置　试验应同时设阳性对照组、溶剂对照组和未处理对照组（空白对照），包括加和不加S9两种情况。阳性对照物要根据所采用的菌株进行选择，并选择合适的剂量以保证每次试验的有效性。推荐用于掺入平板法和点试法的阳性对照物如表33-2所示。

表33-2　推荐用于掺入平板法和点试法的标准诱变剂

方法	S9	TA97	TA98	TA100	TA102
平板掺入法	+	敌克松（50.0微克/皿）		叠氮钠（1.5微克/皿）	敌克松（50.0微克/皿）
	-	2-氨基芴（10.0微克/皿）			1,8-二氢蒽醌（50.0微克/皿）
点试法	+	敌克松（50.0微克/皿）		叠氮钠（1.0微克/皿）	敌克松（50.0微克/皿）
	-	2-氨基芴（20.0微克/皿）			1,8-二氢蒽醌（50.0微克/皿）

溶剂对照组的处理方法除不加受试物外与处理组相同。当阳性致突变物采用DMSO溶解，而受试物不用DMSO溶解时，应同时做DMSO溶媒对照。

5. 细菌回复突变试验方法　常用的试验方法有平板掺入法、预培养平板掺入法和点试法等。

（1）平板掺入法　将主平板或冷冻保存的菌株培养物接种于营养肉汤培养基内，37℃振荡（每分钟100次）培养10小时或静置培养16小时，使活菌数不少于（1×10^9～2×10^9）/ml。

底层培养基平板，每个剂量加S9和不加S9均做3个平板。

融化顶层培养基分装于无菌带帽小试管（试管数与平板数相同），每管2ml，在45℃水浴中保温。在保温的顶层培养基（试管）中依次加入测试菌株新鲜增菌液0.1ml，混匀；试验组加受试物0.05～0.2ml（一般为0.1ml，需活化时另加10% S9混合液0.5ml），再混匀，迅速倒入铺好底层培养基的平板上，转动平板使顶层培养基均匀分布在底层培养基上，平放固化，37℃培养48小时观察结果，必要时延长至72小时观察结果。

阳性对照组加入同体积标准诱变剂；溶媒对照组只加入同体积的溶媒；未处理对照组只在培养基上加菌液；其他方法同试验组。

（2）预培养平板掺入法　预培养对于某些受试物可取得较好效果。因此可根据情况确定是否进行预培养。在加入顶层培养基前，先进行以下预培养步骤：将受试物（需活化时另加10% S9混合液0.5ml）和菌液，在37℃培养20分钟，或在30℃培养30分钟；再加入2ml顶层琼脂，其他操作同平板掺入法。

（3）点试法　将主平板或冷冻保存的菌株培养物接种于营养肉汤培养基内，37℃振荡（每分钟100次）培养10小时或静置培养16小时，使活菌数不少于（$1\times10^9\sim2\times10^9$）/ml。

底层培养基平板，每个剂量加S9和不加S9均做3个平板。

融化顶层培养基分装于无菌带帽小试管（试管数与平板数相同），每管2ml，在45℃水浴中保温。在水浴保温的顶层培养基（试管）中依次加入测试菌株新鲜增菌液0.1ml（需活化时另加10% S9混合液0.5ml），混匀，迅速倒入底层培养基上，转动平板，使顶层培养基均匀分布在底层培养基上。平放固化后取无菌滤纸片（直径约为6mm），小心放在已固化的顶层培养基的适当位置上，用移液器取适量受试物（如10μl），点在纸片上，或将少量固体受试物结晶加到纸皮或琼脂表面；37℃培养48小时观察结果。

另做阳性对照组和溶媒对照组，分别在滤纸片上加入同体积的标准诱变剂、溶媒，未处理对照组滤纸片上不加物质，其他步骤同试验组。

6. 细菌回复突变试验数据处理与结果评价　直接计数培养基上的回变菌落数，计算每株菌各剂量3个平板回变菌落数的均数和标准差。

（1）掺入法结果评价　在背景生长良好的条件下，测试菌株TA1535、TA1537、TA98的回变菌落数等于或大于未处理对照组的2倍，其他测试菌株的回变菌落数等于或大于未处理对照组的2倍，并具有剂量－反应关系或某一测试点有可重复的阳性结果两种情况之一的可判定为阳性结果。

（2）点试法结果评价　如在受试物点样纸片周围长出较多密集的回变菌落，与未处理对照组相比有明显区别者，可初步判定该受试物诱变试验阳性，但应该用掺入法试验来验证。

（3）验证　明显的阳性结果不需要进行验证；可疑的结果改用其他的方法进行验证；阴性结果需要验证（即重复一次），应改变试验条件，如剂量间距（改为5倍间距）等。

（4）对照组结果评价　阳性结果表明受试物对试验菌株的基因组诱发了点突变。阴性结果表明，在该试验条件下受试物对测试菌株不诱发基因突变。

细菌回复突变试验不加S9混合液得到阳性结果，说明受试物是直接致突变物；加S9混合液才得到阳性结果，说明该受试物是间接致突变物。

三、实践训练

本实验选用组氨酸营养缺陷型鼠伤寒沙门菌TA97、TA98、TA100、TA102四种菌株，采用平板掺入法进行叶黄素咀嚼片细菌回复突变试验设计与评价。

（一）任务分组

以小组为单位进行，建议每个小组2～3人，开始实验前初步确定每位同学在组内的具体分工。学生以小组为单位进行叶黄素咀嚼片细菌回复突变试验评价设计，条件允许的进行试验操作。

小组成员		任务分工
姓名	学号	

（二）实验材料与试剂

叶黄素咀嚼片（实验用样品，450 毫克/片，溶于水，急性经口毒性试验 LD_{50} 大于 20.0g/kg 体重）、蒸馏水、营养肉汤培养基、营养肉汤琼脂培养基、底层培养基、顶层培养基、敌克松、叠氮钠、2－氨基芴、1,8－二氢蒽醌等。

（三）实验仪器

低温高速离心机、低温冰箱（－80℃）、生物安全柜、恒温培养箱、恒温水浴、灭菌设备、匀浆器、实验室常用设备等。

（四）实验过程

1. 试验菌株　选用组氨酸营养缺陷型鼠伤寒沙门菌 TA97、TA98、TA100、TA102 四种菌株，经生物学鉴定合格后进行试验。

2. 代谢活化系统（S9）　健康雄性成年 SD 大鼠，体重 150～200g，周龄约 5 周，将 200g/L 多氯联苯玉米油溶液，按 500mg/kg 体重无菌操作一次腹腔注射，5 天后处死动物，处死前禁食 12 小时。处死动物后取出肝脏，称重后用新鲜冷冻的 KCl 溶液（0.15mol/L）连续冲洗肝脏数次，每克肝脏（湿重）加 KCl 溶液（0.1mol/L）3ml，连同烧杯移入冰浴中，用无菌剪刀剪碎肝脏，在玻璃匀浆器中制成肝匀浆。将制成的肝匀浆在低温（0～5℃）高速离心机上以 9000g 离心 10 分钟，吸出上清液为 S9 组分，经无菌检查，并经 2－氨基芴和 1,8－二氢蒽醌测试，具有生物活性可用于实验。然后按《食品安全国家标准　细菌回复突变试验》（GB 15193.4—2014）推荐的配方配制 10% S9 混合液。

3. 剂量设计　根据剂量设计原则，受试物最高剂量为 5 毫克/皿，最低剂量为 0.2 微克/皿；一般选用 4 个剂量，每个剂量应做 3 个平行平皿；设立阳性对照、阴性（溶剂）对照和空白对照。决定受试物最高剂量的原则是受试物对试验菌株的毒性和受试物的溶解度。进行预试验有助于了解受试物的毒性和受试物的溶解度。

试验采用平板掺入法，叶黄素咀嚼片溶于水，选灭菌蒸馏水为溶媒，配制受试物溶液。先用四株菌株的非代谢系统进行预试，例如 5000 微克/皿和 2500 微克/皿时出现毒性作用，1000 微克/皿时未出现毒性作用，所以试验时选择 1000 微克/皿为最高剂量，下设 200 微克/皿、40 微克/皿、8 微克/皿三个剂量组，并同时设空白对照组、溶剂对照组（蒸馏水）和阳性对照组，每种菌株每个测试浓度设三皿平行，在加 S9 和不加 S9 条件下进行试验。重复测定一次。

称取粉碎混合均匀的无菌叶黄素咀嚼片样品 0.25g 加灭菌蒸馏水至 25ml，充分混匀，配制成 10000μg/ml 的受试物溶液，平板掺入试验时，每培养皿加 0.1ml，即相当于 1000 微克/皿。以此为最高剂量，用灭菌蒸馏水以此配制浓度分别为 2000μg/ml、400μg/ml 和 80μg/ml 的受试物溶液，每培养皿加 0.1ml，即相当于 200 微克/皿、40 微克/皿和 8 微克/皿。

平板掺入法阳性对照物推荐如表 33－3 所示。

表 33-3　平板掺入法阳性对照物推荐表

S9	TA97	TA98	TA100	TA102
+	敌克松（50.0 微克/皿）		叠氮钠（1.5 微克/皿）	敌克松（50.0 微克/皿）
-	2-氨基芴（10.0 微克/皿）			1,8-二氢蒽醌（50.0 微克/皿）

4. 试验方法　本试验采用平板掺入法。将冷冻保存的菌株培养物接种于营养肉汤培养基内，37℃静置培养 16 小时，使活菌数不少于（1×10^9 ~ 2×10^9）/ml。

底层培养基平板，每个剂量加 S9 和不加 S9 均做 3 个平板。融化顶层培养基分装于无菌带帽小试管（试管数与平板数相同），每管 2ml，在 45℃水浴中保温。在保温的顶层培养基（试管）中依次加入测试菌株新鲜增菌液 0.1ml，混匀；试验组加受试物 0.1ml（需活化时另加 10% S9 混合液 0.5ml），再混匀，迅速倒入铺好底层培养基的平板上，转动平板使顶层培养基均匀分布在底层培养基上，平放固化，37℃培养 48 小时观察结果。

阳性对照组加入同体积标准诱变剂；溶媒对照组只加入同体积的溶媒；未处理对照组只在培养基上加菌液；其他方法同试验组。

（五）叶黄素咀嚼片细菌回复突变试验结果

直接计数培养基上的回变菌落数，计算每株菌各剂量 3 个平板回变菌落数的均数和标准差。重复测定一次。实验结果如表 33-4 所示。

表 33-4　细菌回复突变试验结果

组别	剂量（微克/皿）	回变菌落数（$X\pm SD$）							
		TA97		TA98		TA100		TA102	
		-S9	+S9	-S9	+S9	-S9	+S9	-S9	+S9
受试物	8								
	40								
	200								
	1000								
空白对照	—								
溶剂对照	H_2O								
敌克松	50.0								
叠氮钠	1.5								
2-氨基芴	10.0								
1,8-二氢蒽醌	50.0								

对受试叶黄素咀嚼片样品各剂量组在加 S9 和不加 S9 条件下的回变菌落数是否超过空白对照组、溶剂对照组回变菌落数的两倍，并且各剂量组间是否有剂量-反应关系或某一测试点有可重复的阳性结果，可判定为阳性。

叶黄素咀嚼片经上述四个试验菌株测定后，只要有一个试验菌株，不论在加 S9 或不加 S9 条件下为阳性，均可报告其对鼠伤寒沙门菌为致突变阳性。如果叶黄素咀嚼片经四个试验菌株检测后，不论加 S9 和不加 S9 均为阴性，则可报告其为致突变阴性。

叶黄素咀嚼片是一种具有缓解视疲劳功能食品，其细菌回复突变试验结果必须是阴性，否则应终止试验。

（六）注意事项

1. 受试物应无菌，必要时以适当的方法灭菌或除菌。
2. 试剂和培养基成分除特殊说明外至少应是化学纯，无诱变性。

3. 菌株选择合适的保存温度和期限，经生物学检验合格后方可用于试验。

4. 本试验采用的是原核细胞体的一种体外试验，体外试验一般需要外源性代谢活化，但体外代谢活化系统不能完全模拟哺乳动物体内代谢条件，因此本试验结果不能直接外推到哺乳动物。

5. 本试验通常用于遗传毒性的初步筛选，并特别适用于诱发点突变的筛选。

6. 对于各菌株的自发回变菌落范围，各实验室在参考其他实验室数据的基础上应建立自己的历史数据对照数据库，形成适合本实验室条件的适用范围。

四、效果评价

项目	分值	评分标准	个人自评	小组互评	教师评价	各项得分
出勤纪律	10	能严格遵守实验纪律和安全规则，无任何违纪现象为满分				
操作技能	50	能根据受试物的性质独立进行受试物的处理和给样剂量计算，能正确进行平板掺入法操作和回变菌落计数为满分				
实验结果	15	能规范记录和正确判定细菌回复突变试验结果，根据所得结果进行正确判定为满分				
实验态度	10	实验中态度端正，不怕累、不怕苦，实验中积极主动、与小组同学分工协作为满分				
实验报告	15	符合要求，内容充实，字迹工整，独立完成为满分				
		总分（各项得分的平均值）				

五、问题情境

1. 如要进行番茄红素软胶囊细菌回复突变试验，其评价过程与本试验中叶黄素咀嚼片的细菌回复突变试验评价过程有哪些不同？

参考答案

2. 为什么在遗传毒性评价中常用细菌回复突变试验和哺乳动物红细胞微核试验组合来对受试物的遗传毒性进行评价？

六、总结反馈

实验反思
实验过程中产生的问题，解决办法
心得体会

书网融合……

GB 15193. 4—2014

实验三十四　叶黄素咀嚼片稳定性试验评价

PPT

一、学习目标

（一）知识目标

1. 掌握稳定性试验评价方法和评价过程。
2. 熟悉稳定性试验的基本要求和稳定性重点考察项目。
3. 了解稳定性试验的目的。

（二）能力目标

1. 能根据功能食品形态及品种特点，制定稳定性重点考察项目，起草稳定性评价方案。
2. 能依法进行不同形态及品种功能食品的影响因素试验、加速试验和长期试验评价。

（三）素质目标

1. 在稳定性试验评价设计和评价中，培养和训练严谨认真、实事求是的科学态度。

2. 稳定性研究是保证产品质量的重要手段，在稳定性研究中培养确保产品有效、安全和稳定的质量意识和职责。

二、基本知识

（一）稳定性试验的意义

功能食品的基本要求是功效成分的有效性、安全性和稳定性，而稳定性是保证有效性和安全性的重要因素。功能食品在制备和贮存过程中，因温度、水分、光线、微生物等因素而易发生变质，例如，维生素 C 氧化后有效性降低、外观不合格，被微生物污染后对机体有毒有害，结块后使用不方便等。稳定性试验是保证功能食品质量的一个重要手段。功能食品的稳定性是指功能食品从生产到使用期间保持稳定的程度，一般是指功能食品的体外稳定性。

稳定性试验通过考察功能食品在温度、湿度、光线的影响下随时间变化的规律，为功能食品的生产、包装、贮存、运输条件提供科学依据，同时通过稳定性试验可预测和建立功能食品的有效期。

（二）稳定性试验的基本要求和重点考察项目

1. 稳定性试验的基本要求

（1）稳定性试验包括影响因素试验、加速试验与长期试验。影响因素试验用 1 批功能食品进行；如果试验结果不明确，则应加试 2 个批次样品。加速试验与长期试验要求用 3 批供试品进行。

（2）稳定性试验的供试品应是放大试验的产品，其处方与工艺应与大生产一致。每批放大试验的规模，至少是中试规模。

（3）加速试验与长期试验所用供试品的包装应与拟上市产品一致。

（4）要采用专属性强、准确、精密、灵敏的功效成分分析方法与有关物质（含降解产物及其他变化所生成的产物）的检查方法，并对方法进行验证，以保证稳定性试验结果的可靠性。在稳定性试验中，应重视降解产物的检查。

（5）质量的“显著变化”通常定义为：功效成分含量与初始值相差5%；降解产物超过标准限度要求。外观、理化指标、微生物指标等不符合标准要求。

2. 稳定性试验重点考察项目　稳定性重点考察项目可根据功能食品的剂型和品种的特点制定，常见剂型功能食品稳定性重点考察项目如表34－1所示。

表34－1　常见剂型功能食品稳定性重点考察项目参考表

剂型	稳定性重点考察项目
片剂	性状、含量、有关物质、崩解时限或溶出度或释放度
胶囊剂	性状、含量、有关物质、崩解时限或溶出度或释放度、水分、软胶囊要检查内容物有无沉淀
口服液	性状、含量、有关物质、澄清度
乳液	性状、含量、有关物质、分层现象
粉剂	性状、含量、粒度、有关物质、外观均匀度
颗粒剂	性状、含量、粒度、有关物质、溶化性或溶出度或释放度

（三）稳定性试验方法

稳定性试验方法可分为单因素考察法和综合考察法两类。

单因素考察法中，仅改变一个因素，观察该因素对功能食品稳定性的影响，然后再逐个改变另外因素进行试验，从而确定最优条件。影响因素试验就属于单因素考察法。此种方法常用以考察功能食品配方组成的合理性和制备工艺及包装条件。

综合考察法是对功能食品成品进行试验，以预期有效期。因试验条件不同，又分为长期试验法和加速试验法。长期试验法样品在室温下贮存，定期检查外观质量与内在质量等各项稳定性指标，确定产品的使用期或有效期。加速试验法是为了加快试验进度，缩短观察时间，在人为设计的严格试验条件下进行试验，通常在较高温度下进行试验。

1. 影响因素试验　是在比加速试验更激烈的条件下进行，供试品用1批进行，将供试品如片剂、胶囊剂等除去外包装，并根据试验目的和产品特性考虑是否除去内包装，置适宜的开口容器中（如称量瓶或培养皿）、分散放置，进行高温试验、高湿试验与强光照射试验。

（1）高温试验　供试品开口置适宜的恒温设备中，设置温度一般高于加速试验温度10℃以上，通常在第0天、5天、10天、30天等取样，按稳定性重点考察项目进行检测。若供试品质量有明显变化，则适当降低温度试验。

（2）高湿试验　供试品开口置恒湿密闭容器中，在25℃分别于相对湿度90%±5%条件下放置10天，于第5天和第10天取样，按稳定性重点考察项目要求检测，同时准确称量试验前后供试品的重量，以考察供试品的吸湿潮解性能。若吸湿增重5%以上，则在相对湿度75%±5%条件下，同法进行试验；若吸湿增重5%以下，其他考察项目符合要求，则不再进行此项试验。恒湿条件可在密闭容器，如干燥器下部放置饱和盐溶液，根据不同相对湿度的要求，可以选择NaCl饱和溶液（相对湿度75%±1%，15.5～60℃）、KNO_3饱和溶液（相对湿度92.5%，25℃）。

（3）强光照射试验　供试品开口放在光照箱或其他适宜的光照装置内，可选择输出相似于D65/ID65发射标准的光源，或同时暴露于冷白荧光灯和近紫外灯下，在照度为4500lx±500lx的条件下，且光源总照度应不低于 1.2×10^6 lux · hr、近紫外灯能量不低于 200W · hr/m^2，于适宜时间取样，按稳定性重点考察项目进行检测，特别要注意供试品的外观变化。

对需冷冻保存的功能食品，应验证其在多次反复冻融条件下产品质量的变化情况。

2. 加速试验 在加速条件下进行，其目的是通过加速功能食品的化学或物理变化，探讨其稳定性，为配方设计、工艺改进、质量研究、包装改进、运输、贮存提供必要的资料。供试品在温度 40℃ ±2℃、相对湿度 75% ±5% 的条件下放置 6 个月。所用设备应能控制温度 ±2℃、相对湿度 ±5%，并能对真实温度与湿度进行监测。在至少包括初始和末次等的 3 个时间点（如 0 个月、3 个月、6 个月）取样，按稳定性考察项目检测。如在 25℃ ±2℃、相对湿度 60% ±5% 条件下进行长期试验，当加速试验 6 个月中任何时间点的质量发生了显著变化，则应进行中间条件试验。中间条件为 30℃ ±2℃、相对湿度 65% ±5%，建议的考察时间为 12 个月，应包括所有的稳定性重点考察项目，检测至少包括初始和末次等的 4 个时间点（如 0 个月、6 个月、9 个月、12 个月）。

对温度特别敏感的功能食品，预计只能在冰箱（5℃ ±3℃）内保存使用，此类功能食品的加速试验，可在温度 25℃ ±2℃、相对湿度 60% ±5% 的条件下进行，时间为 6 个月。对拟冷冻贮藏的产品，应对一批样品在 5℃ ±3℃ 或 25℃ ±2℃ 条件下放置适当的时间进行试验，以了解短期偏离标签贮藏条件（如运输或搬运时）的影响。乳剂、泡腾片及泡腾颗粒宜直接采用温度 30℃ ±2℃、相对湿度 65% ±5% 的条件进行试验。

3. 长期留样观察试验 长期试验是在接近产品的实际贮存条件下进行，其目的是为制定产品有效期提供依据。供试品在温度 25℃ ±2℃、相对湿度 60% ±5% 的条件下放置 12 个月，或在温度 30℃ ±2℃、相对湿度 65% ±5% 的条件下放置 12 个月。至于上述两种条件选择哪一种由研究者确定。每 3 个月取样一次，分别于 0 个月、3 个月、6 个月、9 个月、12 个月取样，按稳定性重点考察项目进行检测。12 个月以后，仍需继续考察的，分别于 18 个月、24 个月、36 个月取样进行检测。将结果与 0 个月比较以确定产品的有效期。由于实测数据的分散性，一般应按 95% 可信限进行统计分析，得出合理的有效期。如 3 批统计分析结果差别较小，则取其平均值为有效期限。若差别较大，则取其最短的为有效期。数据表明很稳定的产品，不做统计分析。

对温度特别敏感的产品，长期试验可在温度 5℃ ±3℃ 的条件下放置 12 个月，按上述时间要求进行检测，12 个月以后，仍需按规定继续考察，制定在低温贮存条件下的有效期。

对拟冷冻贮藏的制剂，长期试验可在温度 -20℃ ±5℃ 的条件下至少放置 12 个月，货架期应根据长期试验放置条件下实际时间的数据而定。

对于所有不同剂型的产品，应充分考虑运输路线、交通工具、距离、时间、条件（温度、湿度、振动情况等）、产品包装（外包装、内包装等）、产品放置和温度监控情况（监控器的数量、位置等）等对产品质量的影响。

三、实践训练

本实验对叶黄素咀嚼片进行长期和加速稳定性试验方案设计与评价。

（一）任务分组

以小组为单位进行，建议每个小组 2~3 人，开始实验前初步确定每位同学在组内的具体分工。学生以小组为单位进行叶黄素咀嚼片稳定性试验方案设计与评价。

小组成员		任务分工
姓名	学号	

（二）实验材料与试剂

叶黄素咀嚼片（实验用样品，450 毫克/片，60 片/瓶）、乙醇、蒸馏水、浓硝酸等。

（三）实验仪器

电子分析天平、紫外 - 可见分光光度计、原子吸收分光光度计、超声波清洗仪、移液管、容量瓶、恒温培养箱、恒温水浴、灭菌设备、无菌操作台、马弗炉、电热烘箱、微波消解仪等。

（四）实验过程

根据叶黄素咀嚼片产品剂型和产品特点，制定本产品的稳定性试验方案，稳定性评价严格按照稳定性评价方案进行。

1. 稳定性试验目的　对叶黄素咀嚼片进行长期及加速稳定性观察，确定叶黄素咀嚼片产品的稳定性，为产品的贮存、运输及确定产品的保质期提供科学依据。

2. 稳定性试验样品　测试样品至少对 3 批中试规模样品进行观察，包装与拟上市销售包装一致。

3. 稳定性试验方法　采用加速试验和长期试验评价叶黄素咀嚼片的稳定性。

（1）加速试验方法　在温度 40℃ ±2℃、相对湿度 75% ±5% 的条件下，于恒温恒湿箱（所用设备应能控制温度 ±2℃，相对湿度 ±5%，并能对温度与湿度进行监测）中放置叶黄素咀嚼片产品 6 个月，分别在 0 个月、1 个月、2 个月、3 个月、6 个月时取样，按稳定性考察项目检测。经验认为如果 3 月末所测得的考察项目指标仍在所要求的范围内，则此产品可暂定有效期或使用期为 2 年。

（2）长期试验方法　在温度 25℃ ±2℃、相对湿度 60% ±5% 的条件下放置 12 个月，所用设备应能控制温度 ±2℃，相对湿度 ±5%，并能对温度与湿度进行监测。每 3 个月取样一次，分别于 0 个月、3 个月、6 个月、9 个月、12 个月取样，按稳定性重点考察项目进行检测。12 个月以后，仍需继续考察的，分别于 18 个月、24 个月、36 个月取样进行检测。将结果与 0 个月比较以确定产品的有效期。

4. 检测项目和检测依据　在稳定性试验中所有代表产品内在质量指标均应检测，应注意直接与产品接触的包装材料对产品稳定性的影响。叶黄素咀嚼片稳定性试验检测项目（表 34 - 2）包括感官指标、功效成分、理化指标、微生物指标、净含量负偏差等。

表 34 - 2　叶黄素咀嚼片稳定性试验考察项目、要求及检测方法

检测项目	标准要求	检测方法
感官检验	白色、具有暗红色均匀斑点的圆形片，具有本品应有的气味	描述性感官检验法
功效成分（叶黄素）含量	2.00 ~ 2.45g/100g	分光光度法，吸收系数法
水分	≤5.0%	GB 5009.3—2016
灰分	≤2.0%	GB 5009.4—2016
净含量负偏差	≤9%	JJF 1070—2016
铅（以 Pb 计）	≤0.5mg/kg	GB 5009.12—2017
总砷（以 As 计）	≤0.3mg/kg	GB 5009.11—2014

续表

检测项目	标准要求	检测方法
总汞（以 Hg 计）	≤0.3mg/kg	GB 5009.17—2021
菌落总数	≤1000cfu/g	GB 4789.2—2022
大肠菌群	≤40MPN/100g	GB 4789.3—2016
霉菌计数	≤25cfu/g	GB 4789.15—2016
酵母菌	≤25cfu/g	GB 4789.15—2016
沙门菌	不得检出/25g	GB/T 4789.4—2008
志贺菌	不得检出	GB 4789.5—2012
金黄色葡萄球菌	不得检出/25g	GB/T 4789.10—2010

（五）叶黄素咀嚼片稳定性评价结果

叶黄素咀嚼片在加速试验和长期试验条件下进行稳定性评价，其功效成分及卫生学等指标均应符合企业标准要求。实验结果如表 34 - 3 所示。

表 34 - 3　叶黄素咀嚼片稳定性评价结果

温度 40℃ 湿度 75% 保存时间（月）	批号	外观	叶黄素（g/100g）	水分（%）	灰分（%）	净含量负偏差（%）	铅（以 Pb 计）（mg/kg）	总砷（以 As 计）（mg/kg）	总汞（以 Hg 计）（mg/kg）	菌落总数（cfu/g）	大肠菌群（MPN/100g）	霉菌和酵母菌计数（cfu/g）	致病菌
0													
1													
2													
3													
6													
温度 25℃ 湿度 60% 保存时间（月）	批号	外观	叶黄素（g/100g）	水分（%）	灰分（%）	净含量负偏差（%）	铅（以 Pb 计）（mg/kg）	总砷（以 As 计）（mg/kg）	总汞（以 Hg 计）（mg/kg）	菌落总数（cfu/g）	大肠菌群（MPN/100g）	霉菌和酵母菌计数（cfu/g）	致病菌
0													
3													
6													
9													
12													

（六）注意事项

1. 稳定性考察项目根据产品具体剂型选择，一般企业质量标准中的检测项目均应评价。

2. 长期试验和加速试验所用设备应能控制温度 ±2℃，相对湿度 ±5%，并能对温度与湿度进行监测。

3. 加速稳定性连续观察 3 个月各项指标均符合企业标准要求，可建议保质期 24 个月以上，但产品的最终的保质期还要由长期试验结果确定。

四、效果评价

项目	分值	评分标准	个人自评	小组互评	教师评价	各项得分
出勤纪律	10	能严格遵守实验纪律和安全规则，无任何违纪现象为满分				
操作技能	50	能根据产品性质设计稳定性考察项目和方法，能独立进行稳定性测试和评价为满分				
实验结果	15	能规范记录和正确判定稳定性试验结果，根据所得结果确定产品的保质期为满分				
实验态度	10	实验中态度端正，不怕累、不怕苦，实验中积极主动、与小组同学分工协作为满分				
实验报告	15	符合要求，内容充实，字迹工整，独立完成为满分				
		总分（各项得分的平均值）				

五、问题情境

如要进行凝固型功能酸奶和维生素 C 泡腾颗粒加速稳定性试验，应如何评价？

参考答案

六、总结反馈

实验反思
实验过程中产生的问题，解决办法
心得体会

参考文献

[1] 阳辉，李宇，冯晓汀．食品工艺学实验［M］．成都：西南交通大学出版社，2019.
[2] 范青生．保健食品工艺学［M］．北京：中国医药科技出版社，2006.
[3] 吴克刚，柴向华．食品微胶囊技术［M］．北京：中国轻工业出版社，2006.
[4] 张峰，刘倩，于克学．食品生物化学实验［M］．北京：中国轻工业出版社，2022.
[5] 魏玉梅，潘和平．食品生物化学实验教程［M］．北京：科学出版社，2017.
[6] 韦庆益，高建华，袁尔东．食品生物化学实验［M］．广州：华南理工大学出版社，2012.
[7] 徐静．天然产物化学实验［M］．北京：化学工业出版社，2020.
[8] 王健．功能食品加工技术［M］．北京：化学工业出版社，2016.
[9] 朱蓓薇．食品工艺学［M］．北京：科学出版社，2022.
[10] 钟瑞敏，翟迪升，朱定和．食品工艺学实验与生产实训指导［M］．北京：中国纺织出版社，2015.
[11] 赵征，胡爱军，王稳航．食品工艺学实验技术［M］．北京：化学工业出版社，2017.
[12] 任健．食品工艺实验原理与技术［M］．哈尔滨：哈尔滨工程大学出版社，2010.
[13] 黄家利．药品 GMP 车间实训教程（下册）［M］．北京：中国医药科技出版社，2018.
[14] 张佳佳，王建．药品质量检测技术［M］．北京：中国医药科技出版社，2021.
[15] 周家春．食品工艺学［M］．北京：化学工业出版社，2017.
[16] 张玉．食品工艺学实验［M］．重庆：西南师范大学出版社，2021.
[17] 丁武．食品工艺学实验指导［M］．北京：中国轻工业出版社，2020.
[18] 蒋原．食源性病原微生物检测技术图谱［M］．北京：科学出版社，2021.
[19] 杜淑霞，王一凡．食品理化检验技术［M］．北京：北京科学技术出版社，2022.
[20] 张晓凤．现代仪器分析实验［M］．重庆：重庆出版社，2020.
[21] 张忠盛，赵发基．新型糖果生产工艺与配方［M］．北京：中国轻工业出版社，2014.
[22] 刘静，邢建华．保健糖果设计、配方与工艺［M］．北京：化学工业出版社，2015.
[23] 罗晓明，周春山，钟世安，等．茶多酚浸提工艺研究［J］．食品工业科技，2002（3）：41－43.
[24] 周旋，吴昊，张椿．卵磷脂提取、分离纯化的研究进展［J］．饮料工业，2017，20（6）：61－65.
[25] 石文茜，孔凡江，刘宝辉，等．大豆异黄酮提取方法研究进展［J］．大豆科学，2022，41（5）：610－616.
[26] 王德信，杨晓莹．综合设计性实验提升学生创新能力探索－以卵黄卵磷脂的提取与鉴定为例［J］．菏泽学院学报，2021，43（2）：132－135.
[27] 刘晶晶，张薇，吴锦涛，等．酪蛋白结构特性及应用研究进展［J］．食品研究与开发，2023，44（1）：197－201.
[28] 张俊艳，贺阳．超氧化物歧化酶研究与应用［J］．食品工业，2012（3）：119－122.
[29] 王广明．流化床干燥机在制药工业的应用要点［J］．装备应用与研究，2009（8）：43－45.